配套多媒体教学光盘使用说明

如果您的计算机不能正常播放视频教学文件，请先单击"视频播放插件安装"按钮❶，安装播放视频所需的解码驱动程序。

多媒体光盘主界面

1 单击可安装视频所需的解码驱动程序

2 单击可进入本书实例多媒体视频教学界面

3 单击可打开书中实例的素材文件

4 单击可打开书中实例的最终效果源文件

5 单击可打开附赠的图案、纹理、动作、画笔、形状、样式、相框、模板等资源

6 单击可浏览光盘文件

7 单击可查看光盘使用说明

视频播放界面

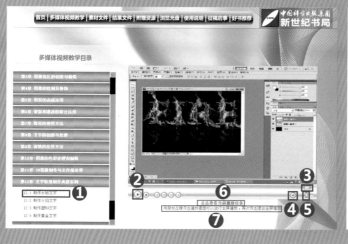

1 单击可打开相应视频

2 单击可播放/暂停播放视频

3 拖动滑块可调整播放进度

4 单击可关闭/打开声音

5 拖动滑块可调整声音大小

6 单击可查看当前视频文件的光盘路径和文件名

7 双击播放画面可以进行全屏播放，再次双击便可退出全屏播放

[光盘文件说明]

此文件夹包含本书视频教程文件

此文件夹包含书中实例的素材文件

此文件夹包含书中实例的最终效果源文件

此文件夹包含附赠的图案、纹理、动作、画笔、形状、样式、相框、模板等资源

此文件夹包含播放视频教程所需的插件

同步教学文件　　　　素材文件　　　　结果文件　　　　附赠资源　　　　视频插件

技能实训4　为卡通人物上色

技能实训5　制作圣诞贺卡

技能实训6　合成创意图像

技能实训8　制作彩色水晶字

技能实训9　制作柔丝特效背景

技能实训10　改变人物服装颜色

技能实训11　为人物添加帽子

12.1　制作水钻文字

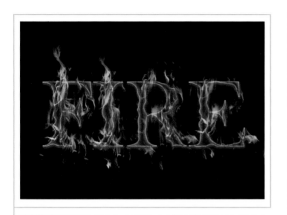

12.2 制作火焰文字

12.3 制作塑料文字

13.1 校正曝光不足的照片

13.2 调整照片色彩

13.3 为照片中的人物美容

13.4 为人物绘制眼线和眼影

13.5 为人物添加唇彩

13.6 为人物减肥塑身

13.7 为人物头发染色

14.1 制作电影宣传海报

14.2 制作笔记本电脑广告

14.3 制作商场节日宣传广告

Photoshop CS5 中文版 标准教程

『超值案例教学版』

前沿文化 ◎ 编著

科学出版社

内 容 简 介

Photoshop CS5是Adobe公司最新推出的一款功能强大的图像处理软件，是广告设计界应用最为广泛的软件，它将广告的设计与图像的处理推向了一个更高、更灵活的艺术水准。

本书从实际应用的角度出发，本着易学易用的特点，采用零起点学习软件基本操作，应用实例提升设计水平的写作结构，全面、系统地介绍了Photoshop CS5图像处理的基本操作与应用技巧，内容包括图像处理必会基础、操作应用快速入门、图像选区的创建与编辑、图像的绘制及修饰、图层的高级应用、蒙版和通道的综合运用、路径的使用方法、文字的创建与处理、滤镜的应用方法、图像的色彩处理和编辑、3D图像制作与文件批处理等。最后的文字特效制作、数码照片后期处理、平面设计典型实例3章综合案例吸收了专业设计人士的工作经验，不仅能帮助读者快速学习，还具有较强的启发性，便于读者在今后的学习中结合自己的想法进行独立设计。

本书附带多媒体教学光盘，提供书中实例的素材文件、最终效果源文件及视频教学文件。除此之外，光盘中还附赠了大量实用、精美的素材资源，包括1073个图案资源（JPG、GIF）、297个纹理资源（JPG）、200个动作资源（ATN）、249个画笔资源（ABR）、118个形状资源（CSH）、20个样式资源（ASL）、185个相框资源（GIF）、64个模板文件（PSD），直接满足设计人员的实际需求。

本书完全满足不同层次、各种学历、各类行业读者和平面设计人员的实际需求，适合作为Photoshop图像处理初、中级用户及各类培训学校的教学用书，同时也可作为各大、中专院校的图像处理与平面设计教材。

图书在版编目（CIP）数据

Photoshop CS5 中文版标准教程：超值案例教学版/
前沿文化编著.—北京：科学出版社，2011.4
  ISBN 978-7-03-030504-6

  I. ①P… II. ①前… III. ①图形软件，Photoshop
CS5—教材 IV. ①TP391.41

中国版本图书馆 CIP 数据核字（2011）第 039081 号

责任编辑：魏胜　胡子平　徐晓娟 / 责任校对：赵亚辉
责任印刷：新世纪书局　　　　　/ 封面设计：林　陶

科 学 出 版 社 出版

北京东黄城根北街 16 号
邮政编码：100717
http://www.sciencep.com

中国科学出版集团新世纪书局策划

北京市鑫山源印刷有限公司

中国科学出版集团新世纪书局发行　　各地新华书店经销

*

2011 年 6 月 第 一 版　　　　开本：16 开
2011 年 8 月第 2 次印刷　　　　印张：18.25
印数：3001-4000　　　　　　　　字数：444 000

定价：39.80 元（含 1DVD 价格）
（如有印装质量问题，我社负责调换）

Preface 前　言

Photoshop CS5是Adobe公司当前推出的最高版本的图像处理软件，它在Photoshop以往版本的基础上新增了许多实用功能，能够与Illustrator和InDesign等多种图文处理软件兼容，因此可以实现软件的协同操作，适应性极强，又拓展了3D处理、RAW格式处理、网页动画制作等功能。

本书内容

全书共分14章，具体内容如下。

第1章　Photoshop CS5图像处理必会基础，介绍Photoshop CS5的新增功能和应用领域、Photoshop CS5的安装与启动、Photoshop CS5的界面、Photoshop CS5中的基本概念以及常用图像文件格式的相关知识。

第2章　Photoshop CS5操作应用快速入门，介绍文件的基本操作、图像窗口的基本操作、辅助工具以及图像尺寸的调整。

第3章　图像选区的创建与编辑，介绍创建规则选区、创建不规则选区、选区的基本操作、选区的设置、存储和载入选区的方法。

第4章　图像的绘制及修饰，介绍绘制图像、填充图像、修饰图像、修改图像、编辑图像像素、历史记录画笔工具组的基本操作。

第5章　图层的高级应用，介绍图层应用入门必知、图层的基础操作、图层的对齐和分布、图层的混合模式和不透明度、图层样式等内容。

第6章　蒙版和通道的综合运用，介绍快速蒙版、图层蒙版、矢量蒙版、通道的使用，以及通道的基本操作。

第7章　路径的使用方法，介绍创建路径的方法和“路径”面板的应用。

第8章　文字的创建与处理，介绍创建点文字和段落文字的方法、“字符”与“段落”面板的使用、蒙版文字的创建以及文字的特殊编辑。

第9章　滤镜的应用方法，介绍滤镜和独立滤镜、分类滤镜中各种子滤镜的使用。

第10章　图像的色彩处理和编辑，介绍图像的颜色模式与转换、图像明暗调整和图像色彩调整的操作方法。

第11章　3D图像制作与文件批处理，介绍3D工具、3D面板、动作的基础知识，并介绍创建3D模型、批处理文件的方法。

第12章　文字特效制作典型实例，包括制作水钻文字、制作火焰文字、制作塑料文字、制作黄金文字的方法。

第13章　数码照片后期处理典型实例，包括校正曝光不足的照片、调整照片色彩、为照片中的人物美容、为人物绘制眼线和眼影、为人物添加唇彩、为人物减肥塑身以及为人物头发染色的方法。

第14章　平面设计典型实例，包括制作电影宣传海报、制作笔记本电脑广告、制作商场节日宣传广告的方法。

本书特色

本书采用"知识讲解+技能实训+课堂问答+知识能力测试+多媒体光盘"的形式编写。读者在学习本书时，既可以学到最基础的Photoshop CS5软件知识，还能在详尽的图解指导下进行实训操作。掌握整章知识点后，还能通过课后的知识能力测试巩固知识。另外，本书还具有以下特色。

- **首选资料**

遵循Photoshop标准授课体系和官方认证考试大纲规定而编写，是Photoshop初学者的首选学习资料。

- **全新升级**

经由教师实际课堂教学检验并征求众多专家的反馈意见改进，在上一版畅销书的基础上全新升级，更加符合初学者的学习需求。

- **轻松上手**

详尽的Photoshop参数解析配合丰富的案例教学，让初学者轻松上手，快速掌握。

光盘介绍

本书附带多媒体教学光盘，配有与书稿内容讲解同步的素材文件、最终效果源文件，同时还提供了各个实例的视频教学文件，详细讲解了Photoshop CS5的常用功能和操作技巧。读者可以打开光盘中的素材文件，参考书中讲解与光盘视频教学讲解，一步一步地进行学习。

除此之外，光盘中还附赠了大量实用、精美的素材资源，包括1073个图案资源（JPG、GIF）、297个纹理资源（JPG）、200个动作资源（ATN）、249个画笔资源（ABR）、118个形状资源（CSH）、20个样式资源（ASL）、185个相框资源（GIF）、64个模板文件（PSD），直接满足设计人员的实际需求。

作者致谢

本书由前沿文化与中国科学出版集团新世纪书局联合策划。在此向所有参与本书编创的工作人员表示由衷的感谢。

最后，真诚感谢读者购买本书。您的支持是我们最大的动力，我们将不断努力，为您奉献更多、更优秀的图像处理图书。

由于计算机技术飞速发展，加上编者水平有限、时间仓促，不妥之处在所难免，敬请广大读者和同行批评指正。如果您对本书有任何意见或建议，欢迎与本书策划编辑联系（ws.david@163.com）。

编　者

2011年4月

第1章

Photoshop CS5图像处理必会基础

Photoshop CS5中文版标准教程（超值案例教学版）

重点知识

- Photoshop CS5的安装与启动
- Photoshop CS5的工作界面
- 位图的概念
- 分辨率的知识

难点知识

- Photoshop CS5的基本概念
- 分辨率的不同应用
- Photoshop CS5的文件格式

本章导读

Photoshop是Adobe公司旗下最为出名的图像处理软件之一，它提供了划时代的图像制作工具，具有前所未有的灵活性以及更高效的编辑、图像处理和文件处理功能,广泛运用于平面设计、三维设计、广告摄影、绘画等行业。

本章将带领读者认识Photoshop CS5，讲解Photoshop CS5的新增功能、Photoshop CS5的安装与启动、Photoshop CS5的应用领域、Photoshop CS5的工作界面、Photoshop CS5的基本概念和常用图像文件格式。

1.1 认识Photoshop CS5

Photoshop已经成为一个大众的软件，大多数使用计算机的用户都会或多或少地使用Photoshop。随着Adobe公司的不断发展，Photoshop的功能也不断完善，目前最新的是CS5版本。

1.1.1 Photoshop CS5概述

2010年4月12日，Adobe正式发布了其最新版Photoshop CS5。与以前的版本相比，Adobe Photoshop CS5软件通过更人性化的界面、更灵活的编辑度给人以全新的感受。

Photoshop CS5不仅提供了强大的绘图工具，可以直接绘制艺术图形，从扫描仪、数码相机等设备中采集图像，并对它们进行修改、修饰；还提供了许多图形工具，可用于数字摄影、印刷品制作、Web设计和视频制作等。用户可根据个人的需求设置所需的工具，从而大幅度提高工作效率，制作出适用于打印、Web和其他用途的最佳品质的专业图像。

1.1.2 Photoshop CS5的新增功能

在Photoshop CS5版本中，软件的界面与功能的结合更加趋于完美。各种命令与功能不仅得到了很好的扩展，还最大限度地为用户的操作提供了简捷、有效的途径。Photoshop CS5还增加了轻松完成精确选择、内容感知型填充、操控变形等功能，另外还添加了用于创建和编辑3D以及基于动画内容的突破性工具。

1. 使用实时工作区轻松进行界面管理

自动存储反映工作流程、针对特定任务的工作区，并且在工作区之间进行快速切换。

2. 智能选区

更快且更准确地从背景中抽出主体，从而创建逼真的复合效果。轻轻单击鼠标就可以选择图像中的特定区域；轻松选择毛发等细微的图像元素；消除选区边缘周围的背景色；使用新的细化工具自动改变选区边缘并改进蒙版。

3. 内容识别填充和修复

轻松删除图像元素并用其他内容替换，使其与周边环境天衣无缝地融合在一起。

4. HDR Pro

应用更强大的色调映射功能，从而创建从逼真照片到超现实照片的高动态范围图像，或者通过HDR色调调整，将一种HDR外观应用于多个标准图像。

5. 非凡的绘画效果

借助混色器画笔（提供画布混色）和毛刷笔尖（可以创建逼真、带纹理的笔触），可以将照片轻松转变为绘图或为其创建独特的艺术效果。

6. 操控变形

彻底变换特定的图像区域，同时固定其他图像区域。可以对任何图像元素进行精确的重定位，从而创建出视觉上更具吸引力的图像。

7. 自动进行镜头校正

使用已安装的常见镜头的配置文件快速修复扭曲问题，或自定其他型号的配置文件。镜头扭曲、色差和晕影自动校正可以帮助节省时间。Photoshop CS5使用图像文件的EXIF数据，根据用户使用的相机和镜头类型做出精确调整。

8. 使用3D凸纹轻松实现凸出

将2D文本和图稿转换为3D对象，然后凸出并膨胀其表面。

9. 增强3D性能、工作流程和材质

使用专用的3D首选项快速优化性能，能够更快地预览，并使用改进的Adobe Ray Tracer引擎进行渲染。

10. 集成的介质管理

利用Adobe Bridge CS5中经过改进的水印、Web画廊和批处理。使用Mini Bridge面板直接在Photoshop中访问资源。

11. RAW处理的尖端技术

在保留颜色和细节的同时删除高ISO图像中的杂色；添加创意效果，如胶片颗粒和剪裁后的晕影等；或者以不自然感的方式精确地锐化图像。

1.1.3　Photoshop CS5的应用领域

Photoshop的应用广泛，它是一款功能强大的图像处理软件，可以制作出完美的合成图像，也可以修复数码照片，还可以进行精美的图案设计、专业印刷、网页设计等。

1. 平面设计

平面设计是Photoshop最基础的应用领域。无论是我们阅读的书刊、报纸，还是大街上的海报、宣传单和包装盒，基本上都需要使用Photoshop来设计制作。如图1-1、图1-2所示为Photoshop平面设计的应用。

图1-1　皮包广告　　　　　　图1-2　电影宣传海报

2. 照片修复

Photoshop具有强大的照片修饰功能，比如修复人物皮肤上的瑕疵、调整偏色照片等，简单操作即可完成；还可以将照片进行合成，制作出有趣的效果。如图1-3所示为Photoshop照片修复的应用。

图1-3　照片处理前后对比

3. 艺术文字制作

要使文字具有艺术感，可以使用Photoshop来完成。Photoshop可以使文字发生各种各样的变化，在文字中添加其他元素，产生合成文字的效果。如图1-4所示为文字特效。

图1-4　文字特效

4. 广告摄影修正

广告摄影对拍摄作品要求非常严格，但有时由于拍摄条件或环境等因素的影响，使照片出现颜色或构图等方面的缺陷，这时可以用Photoshop来修正，以得到令人满意的效果。如图1-5所示。

图1-5　广告摄影

5. 网页制作

在互联网普及的今天，网络与人们的生活、工作、学习越来越紧密，人们对网络的要求也越来越高。网络在传递信息的同时，也需要有足够的吸引力，因此网页设计的好坏是至关重要的。如图1-6所示为网页制作作品。

通过Photoshop不仅可以设计网页的排版布局，还可以优化图像并将其运用于网页上。

6. 创意图像设计

使用Photoshop可将原本毫无关联的对象有创意地组合在一起，使图像发生改变，体现特殊效果，给人强烈的视觉冲击感，如图1-7所示。

图1-6　网页设计　　　　　　　　图1-7　创意图像

7. 绘画

Photoshop中包含大量的绘画与调色工具，许多插画作者都可以使用铅笔绘制完成草图后，再使用Photoshop来填色。近年来流行的像素画多数使用Photoshop创作，如图1-8所示。

8. 绘制或处理三维贴图

在三维软件中制作出精良的模型后，需要在Photoshop中绘制在三维软件中无法得到的材质，如图1-9所示。

图1-8　场景插画　　　　　　　　图1-9　三维CG人物

1.2　Photoshop CS5的安装与启动

前面介绍了Photoshop CS5的新增功能，下面将介绍一下它的硬件需求与安装。Photoshop CS5的安装与其他软件的基本相同。

1.2.1 安装Photoshop CS5的硬件需求

为了保证用户能够顺利地安装和运行Photoshop CS5，对计算机的硬件配置有一定的需求，具体的硬件需求如表1-1所示。

表1-1 Windows操作系统硬件需求

硬　件	需　求
操作系统	Microsoft Windows XP系统或Windows Vista Home Premium/Business/Ultimate系统
CPU	Intel Pentium 4、Intel Centrino、Intel Xeon或Intel Core Duo处理器
内存	1GB内存、64MB视频内存
硬盘	2GB可用硬盘空间（安装过程中需要其他可用空间）
显示器	1024像素×768像素分辨率的显示器（带有16位视频卡）

1.2.2 Photoshop CS5的安装

Photoshop CS5安装方便，如果计算机中已经有其他版本的Photoshop软件，可不必卸载，但需要将运行的相关软件关闭。

步骤 1 打开Photoshop CS5安装光盘，双击Setup.exe安装文件图标，就可进行安装，如图1-10所示。

步骤 2 双击Setup.exe后，会弹出初始化对话框，对系统配置进行检查，如图1-11所示。

图1-10 Photoshop CS5安装包　　　　图1-11 初始化安装程序

步骤 3 检查完系统配置文件后，会自动弹出"Adobe Photoshop CS5软件许可协议"，请认真阅读。单击下方的"接受"按钮，即可进行下一步的安装，如图1-12所示。如果单击"退出"按钮，会退出安装程序。

步骤 4 在弹出的"请输入序列号"窗口，下方的文本框中输入正确的序列号后，右边会出现"选择语言"下拉列表框，单击"选择语言"下拉列表框，选择"简体中文"选项。如果想先试用，可以选中下方的"安装此产品的试用版"单选按钮，然后单击"下一步"按钮，如图1-13所示。

提示：序列号就是软件开发商给软件的一个识别码，与人的身份证号码类似，其作用主要是为了防止自己的软件被盗用。

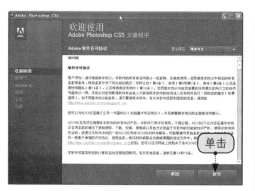

图1-12　安装程序欢迎界面

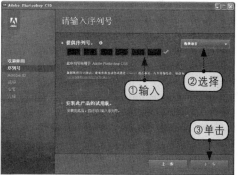

图1-13　输入序列号

步骤5 弹出"输入Adobe ID"窗口，可以单击"创建Adobe ID"按钮创建一个账号，或者在文本框中输入已注册的ID。建议单击左下角的"跳过此步骤"按钮或单击右下角的"下一步"按钮，如图1-14所示。

步骤6 在"安装选项"窗口中，单击"浏览到安装位置"按钮，可对安装位置进行更改。默认的安装位置为C盘，可根据个人习惯选择安装位置。选择好安装位置后，单击右下角的"安装"按钮，如图1-15所示。

图1-14　输入ID

图1-15　安装选项

步骤7 系统自行安装软件时，窗口中会显示安装进度，安装过程需要较多时间，在"目前正在安装"下方可以查看安装进度和剩余时间，如图1-16所示。

步骤8 当安装完成时，在弹出的窗口中会提示此次安装完成。单击右下角"完成"按钮即可关闭窗口，如图1-17所示。

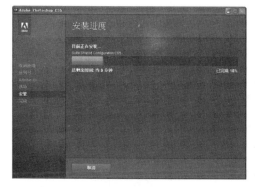

图1-16　安装进度

图1-17　完成安装

1.2.3 Photoshop CS5的启动

安装完成后，下面介绍两种常用的Photoshop CS5启动方法。

方法一 单击任务栏的"开始"按钮，指向"所有程序"，单击"Adobe Photoshop CS5"命令。

方法二 双击桌面上"Adobe Photoshop CS5"程序的快捷方式图标。

Photoshop CS5的启动界面如图1-18所示，启动Photoshop CS5后的默认工作界面如图1-19所示。

图1-18 Photoshop CS5的启动界面　　图1-19 Photoshop CS5的默认工作界面

 提示：还可以通过将素材文件直接拖动到Photoshop快捷方式图标上来启动Photoshop CS5。

1.3 认识Photoshop CS5的界面

启动Photoshop CS5后，执行"文件"菜单，单击"打开"命令，任意打开一张图片，进入Photoshop工作界面。下面就简单介绍一下Photoshop CS5的工作界面，如图1-20所示。

图1-20 Photoshop CS5工作界面

1.3.1 标题栏

标题栏位于Photoshop CS5工作界面的最顶层，其左侧显示了Photoshop CS5的程序图标 <kbd>Ps</kbd>，中间的6个按钮分别为"启动Bridge"按钮<kbd>Br</kbd>、"启动Mini Bridge"按钮<kbd>Mb</kbd>、"查看额外内容"按钮<kbd>□▼</kbd>、"缩放级别"按钮<kbd>100%▼</kbd>、"排列文档"按钮<kbd>■▼</kbd>和"屏幕模式"按钮<kbd>■▼</kbd>。单击标题栏右侧"基本功能"旁的双箭头按钮<kbd>»</kbd>，在弹出的下拉菜单中可以选择 Photoshop CS5的界面布局方式。另外，还有用于控制Photoshop CS5窗口大小的按钮，从左至右依次为"最小化"按钮<kbd>—</kbd>、"最大化/还原"按钮<kbd>□</kbd>和"关闭"按钮<kbd>✕</kbd>，如图1-21所示。

图1-21 标题栏

1.3.2 菜单栏

Photoshop CS5的菜单栏由11类菜单组成，如图1-22所示，主要用于完成图像处理中的各种操作和设置。菜单栏中各菜单命令的作用如表1-2所示。

文件(F) 编辑(E) 图像(I) 图层(L) 选择(S) 滤镜(T) 分析(A) 3D(D) 视图(V) 窗口(W) 帮助(H)

图1-22 Photoshop CS5菜单栏

表1-2 菜单栏介绍

菜单名称	说　明
文件	执行"文件"菜单时，在弹出的下级菜单中可以执行"新建"、"打开"、"存储"、"关闭"、"置入"等一系列针对文件的命令
编辑	"编辑"菜单中是用于对图像进行编辑的命令，包括"还原"、"剪切"、"拷贝"、"粘贴"、"填充"、"变换"、"定义图案"等
图像	"图像"菜单中的各命令用于调整图像的色彩模式、色调、色彩以及图像和画布大小等
图层	"图层"菜单中的命令主要是针对选区进行操作，如新建图层、复制图层、蒙版图层、文字图层等，这些命令便于对图层进行运用和管理
选择	"选择"菜单下的命令主要是针对选区进行操作，可对选区进行反向、修改、变换、扩大、载入等操作
滤镜	Photoshop CS5中对"滤镜"菜单也做了一些调整，通过滤镜可以为图像设置各种不同的特殊效果，在制作特效方面，这些滤镜命令更是功不可没
分析	"分析"菜单主要对一些测量后的数据进行分析，包括设置测量比例、选择数据点、记录测量、置入比例标记等
3D	新增的3D菜单针对3D图像执行相应的操作，通过这些命令可以打开3D文件、将2D图像创建为3D图形、进行3D渲染等操作
视图	"视图"菜单中的命令可对整个视图进行调整设置，包括缩放视图、改变屏幕模式、显示标尺、设置参考线等
窗口	"窗口"菜单主要用于控制工作界面中工具箱和各个版面的显示和隐藏，因为在图片处理过程中，Photoshop的工作版面是受到限制的，所以快速、有效地显示并控制工作界面是提高工作效率的重要因素
帮助	"帮助"菜单中提供了使用Photoshop的各项帮助信息，在使用过程中，若遇到问题，可以查看该菜单，及时了解各种命令、工具和功能的使用

1.3.3 选项栏

在工具箱中选择需要的工具后，在选项栏中可设置工具箱中该工具的相关参数。根据所选工具的不同，所提供的参数项也有所区别。移动工具选项栏如图1-23所示。

图1-23　移动工具选项栏

1.3.4　工具箱

初次启动Photoshop CS5时，工具箱将显示在屏幕左侧。用户可通过拖动工具箱的标题栏来移动其位置。选择菜单栏中的"窗口"命令，在弹出的菜单中单击"工具"命令，可以显示或隐藏工具箱。

工具箱将Photoshop CS5的功能以图标形式聚集在一起。从工具的形态来看，用户一般就可以了解该工具的功能。在键盘上按下相应的快捷键，即可从工具箱中自动选择相应的工具。右击工具图标右下角的按钮，可以显示其他相似功能的隐藏工具，将鼠标光标停留在工具上，相应工具的名称将出现在鼠标光标下面的工具提示中，如图1-24所示。

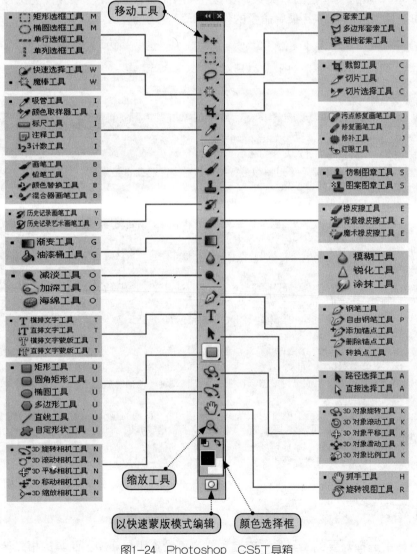

图1-24　Photoshop CS5工具箱

1.3.5 控制面板

控制面板汇集了图像操作中常用的选项和功能，在编辑图像时，选择工具箱中的工具或执行菜单栏上的命令以后，使用面板可以进一步调整各个选项，也可以将面板上的功能应用到图像上。Photoshop CS5根据功能的不同，提供了23个面板。

1. 3D面板

借助全新的光线描摹渲染引擎，可以直接在3D图形上模拟绘图、用2D图像绕排3D形状、将渐变图转换为3D对象、为层和文本添加深度、实现打印质量的输出并导出为支持的常见3D格式，如图1-25所示。

2. "测量记录" 面板

当使用标尺工具在图像上绘制一段距离后，"测量记录"面板将记录下绘制的时间、绘制的工具、比例、长度和角度等情况，如图1-26所示。

图1-25 3D面板　　　图1-26 "测量记录"面板

3. "动画" 面板

"动画"面板有时间轴和帧两种形式，主要用于进行动画操作。如图1-27所示是"动画（时间轴）"面板。

4. "导航器" 面板

利用"导航器"面板可以便捷地观察图像的任意区域。打开图像文件后，该面板中心的图像为所选图像的导航视图，如图1-28所示。

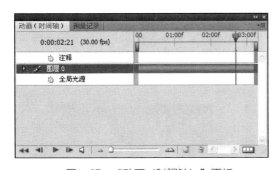

图1-27 "动画（时间轴）"面板　　　图1-28 "导航器"面板

5. "直方图" 面板

用图形表示图像的每个亮度级别的像素数量，展示像素在图像中的分布情况。直方图显示图像在阴影（显示在左边的部分）、中间（显示在中间的部分）和高光（显示在右边的部分）中包含的细节是否充足，以便在图像中进行适当的校正，如图1-29所示。

6. "信息"面板

显示有关图像的文件信息，同时当在图像上移动鼠标光标时提供有关颜色的反馈信息。如果要在图像拖动时查看信息，请确保"信息"面板在工作区中处于可见状态，如图1-30所示。

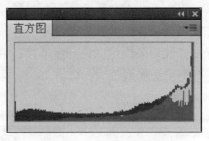

图1-29 "直方图"面板 　　图1-30 "信息"面板

7. "调整"面板

"调整"面板通过使用所需的各个工具简化图像调整，从而实现无损调整并增强图像的颜色和色调。新的实时和动态调整面板中还包括图像控件和各种预设，如图1-31所示。

8. "蒙版"面板

利用"蒙版"面板可快速创建和编辑蒙版。该面板提供了需要的所有工具，这些工具可用于创建基于像素和矢量的可编辑蒙版、调整蒙版浓度和羽化半径、选择非相邻对象等，如图1-32所示。

9. "历史记录"面板

"历史记录"面板用于记录所做的编辑和修改操作，并可通过它恢复到某一指定的操作，如图1-33所示。

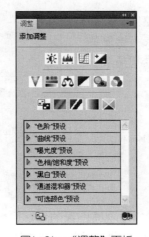

图1-31 "调整"面板 　　图1-32 "蒙版"面板

10. "动作"面板

"动作"面板用于记录并返回某些动作。使用此面板可以创建一系列动作，这些动作可以返回并应用于不同的图像。在面板中，用户可以通过拖动来上下移动动作，同时还可以为动作分配功能键，如图1-34所示。

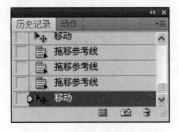

图1-33 "历史记录"面板 　　图1-34 "动作"面板

11. "段落"面板

该面板用于设置与文本段落相关的选项，可调整间距，增加或减少缩进量等，如图1-35所示。

12."字符"面板

在编辑或修改文本时提供相关的功能。可设置的主要选项有文字大小、间距、颜色和字间距等，如图1-36所示。

图1-35　"段落"面板　　　　图1-36　"字符"面板

13."画笔"面板

"画笔"面板提供画笔的形态、大小、杂点程度、柔和效果等选项，如图1-37所示。

14."仿制源"面板

在"仿制源"面板中可查看到使用的仿制源工具及其定位情况，如图1-38所示。

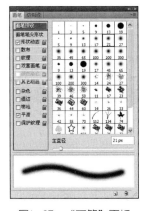

图1-37　"画笔"面板　　　　图1-38　"仿制源"面板

15."工具预设"面板

在该面板中可保存常用的工具，可以将同一工具保存为不同的设置，从而提高工作效率，如图1-39所示。

16."图层"面板

在"图层"面板中，可以新建图层、移动图层、重排图层以及编组和合并图层。在"图层"面板中设置"不透明度"数值，为图层增添了不同图层融合的简单方法。"图层混合模式"下拉列表框中列举了不同的图层混合模式选项，如图1-40所示。

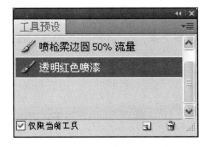

图1-39　"工具预设"面板　　　　图1-40　"图层"面板

17."通道"面板

可根据RGB的组成，将图像的红、绿、蓝3种色彩分别显示在不同的通道中，如图1-41所示。如果显示的是CMYK色彩模式的文件，则该面板根据CMYK的组成将图像的青色、品红、黑色、黄色分别显示在不同的通道中。

18."路径"面板

可以编辑和控制由钢笔工具创建的路径。"路径"面板的弹出式菜单用于勾勒路径轮廓，用色彩填充路径以及将路径转变为选区，还可以指定路径的名字并使用不同的模板选项来复制和删除路径，如图1-42所示。

图1-41　"通道"面板　　　　图1-42　"路径"面板

19."颜色"面板

"颜色"面板是通过拖动面板底部的色谱条，并使用基于Web颜色或颜色模式（如RGB和CMYK）的滑块改变前景色或背景色。"颜色"面板的弹出式菜单可用于切换基于不同颜色模式的滑块以及改变色谱条，使其仅显示安全模式的Web颜色，如图1-43所示。

20."色板"面板

可通过单击"色板"面板中的色块来快速选取前景色或背景色。单击色板中的菜单按钮，在弹出的下拉菜单中选择"新建色板"命令，可以新建色板。另外，还可以保存色板和载入色板。从色板的文件夹中可以载入安全模式的Web色板中的面板，如图1-44所示。

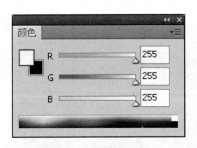
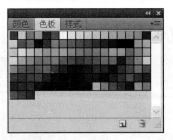

图1-43　"颜色"面板　　　　图1-44　"色板"面板

21."样式"面板

该面板中含有多种预设的图层样式。提供三维斜面以及特定的颜色或模板效果。若要应用一种样式，只需在"图层"面板中创建并选择一个图层，然后在"样式"面板中选择所需的样式即可，如图1-45所示。

22."图层复合"面板

"图层复合"面板可保存图层的各组成部分，以及保留同一个图像的不同图层组合，从而可以顺利地完成设计，如图1-46所示。

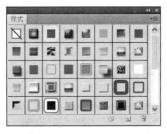

图1-45 "样式"面板 　　　　　图1-46 "图层复合"面板

23. "注释"面板

"注释"面板是为注释工具所配置的面板，以方便查看，如图1-47所示。

如果想将需要使用的控制面板显示在Photoshop CS5的工作窗口中，可选择菜单栏中的"窗口"菜单，在弹出的如图1-48所示的菜单中选择需要的面板即可，再次选择该命令将关闭该控制面板。

图1-47 "注释"面板 　　　　　图1-48 打开"动画"面板

提示：按【F6】键可以打开或关闭"颜色"控制面板组；按【F7】键可以打开或关闭"图层"控制面板组；按【F8】键可以打开或关闭"信息"控制面板组；按【Alt+F9】键可以打开或关闭"动作"控制面板组。

在使用Photoshop CS5进行图像处理的过程中，不同的操作会使用到不同的控制面板。控制面板大多集合在一个控制面板组中，因此常常需要在各面板之间进行切换。切换控制面板的具体操作如下。

在已打开的控制面板组中，单击要使用的控制面板选项卡，即可切换到该控制面板，如图1-49所示。

图1-49 切换控制面板

1.3.6 图像窗口

图像窗口用于显示导入Photoshop CS5中的图像，其标题栏中显示文件名称、文件格式、缩放比例以及颜色模式，如图1-50所示。

图1-50　图像窗口

1.3.7 状态栏

Photoshop CS5中的状态栏位于图像窗口底端，而不是整个界面底端。状态栏中显示了当前编辑图像文件的缩放比例以及文档大小等信息，如图1-51所示。

缩放比例　100%　文档:479.8K/479.8K　文档大小

图1-51　状态栏

1.4　Photoshop CS5中的基本概念

在学习Photoshop CS5之前，我们首先来认识一下Photoshop CS5的基本概念。

1.4.1 位图

位图图像（bitmap）也称为点阵图像或绘制图像，是由称为像素（图片元素）的单个点组成的。这些点可以进行不同的排列和染色，以构成图样。当放大位图时，可以看见构成整个图像的无数单个方块。扩大位图的效果是增大单个像素，从而使线条和形状显得参差不齐。

鉴别位图最简单的方法就是将显示比例放大，如果放大后产生了锯齿，那么该图片就是位图，如图1-52所示。

（a）原图

（b）放大后

图1-52　位图放大前后的对比效果

1.4.2 矢量图

矢量图是根据几何特性来绘制的图形。矢量可以是一个点或一条线，矢量图只能靠软件生成，文件占用内存空间较小，因为这种类型的图像文件包含独立的分离图像，可以自由、无限制地重新组合。它的特点是放大后图像不会失真，和分辨率无关，文件占用空间较小，适用于图形设计、文字设计和一些标志设计、版式设计等，如图1-53所示。

(a) 原图　　　　　　　　　　　　　　　　　(b) 放大后

图1-53　矢量图放大前后的对比效果

1.4.3 分辨率

分辨率（resolution）是指图像在一个单位长度内所含的像素个数，其单位为像素/英寸或像素/厘米。分辨率可以表示图像文件包括的细节和信息量，也可以表示输入、输出或者显示设备能够产生的清晰度等级。在处理位图时，分辨率同时影响最终输出文件的质量和大小。分辨率可分为图像分辨率、显示器分辨率、打印输出分辨率、印刷分辨率和位分分辨率5种。

1. 图像分辨率（ppi）

图像分辨率：图像分辨率和图像大小之间有着密切的关系。图像分辨率越高，所包含的像素越多，图像的信息量就越大，因而文件也就越大。通常文件的大小是以MB（兆字节）为单位的。一般情况下，一个幅面为A4大小的RGB模式的图像，若分辨率为300ppi，则文件大小约为20MB。而在ImageReady程序中，图像的分辨率始终是72ppi，这是因为ImageReady应用程序创建的图像是专门用于联机介质而非打印介质。图像分辨率=图像的挂网频率×2。

2. 显示器分辨率

显示器分辨率是指显示器上每单位长度显示的像素或点的数量，通常以点/英寸（dpi）来表示。显示器分辨率取决于显示器的大小及其像素设置。现在绝大多数新型显示器的分辨率为96dpi，而较早的Mac OS显示器的分辨率为72dpi。了解显示器分辨率后，我们就可以理解为什么图像在屏幕上的显示尺寸不同于其打印尺寸了。当图像像素直接转换为显示器像素时，这意味着若图像分辨率比显示器分辨率高，那么在屏幕上显示的图像就比其打印尺寸大。例如，在72dpi的显示器上显示1英寸×1英寸的144ppi图像时，它在屏幕上显示的区域为2英寸×2英寸。这是因为显示器每英寸只能显示72个像素，因此需要2英寸来显示图像一条边的144个像素。

3. 打印输出分辨率

打印输出分辨率主要是指所有的激光打印机（包括照排机）产生的每英寸油墨点数（dpi）。即图像文件通过输出设备输出时，用dpi来描述打印机的输出质量，用lpi（line per inch，每英寸线数）来描述印刷品质量。通常ppi和dpi可以使用相同的数值，而不会影响图形的输出质量；而用于印刷的图片如何设定ppi数值，则需要通过一个公式来换算：(1.5～2)×lpi数=ppi数。

4. 印刷分辨率

印刷分辨率也称为挂网精度，挂网精度越高，印刷成品就越精美，但还与印刷纸张、油墨等有较大关系。如果在一般的新闻纸（报纸）上印刷挂网精度高的图片，那么，该图片不但不会变得更精美，反而会变得一团黑。所以，输出前必须先了解是什么类型的印刷品、何种印刷用纸，再决定挂网的精度。

5. 位分分辨率

位分分辨率又称位深，是用来衡量每个像素存储信息的位数，该分辨率决定图像中每个像素存放的颜色信息。例如，一个24位的RGB图像，表示该图像的原色R、G、B各用了8位，三者共用了24位。

1.4.4 图像的色彩模式

图像的色彩模式是决定质量优劣的重要标准之一，本节将介绍Photoshop中的几种色彩模式。

1. 位图模式

Photoshop使用的位图模式只使用黑白两种颜色中的一种表示图像中的像素。位图模式的图像也叫黑白图像，它包含的信息最少，因而图像也最小。

2. 灰度模式

用单一色调表现图像，一个像素的颜色用8位元来表示，一共可表现256阶（色阶）的灰色调（含黑和白），也就是256种明度的灰色，用于将彩色图像转为高品质的黑白图像（有亮度效果）。

3. RGB模式

RGB色彩就是常说的三原色，R代表Red（红色），G代表Green（绿色），B代表Blue（蓝色）。之所以称为三原色，是因为在自然界中肉眼所能看到的任何色彩都可以由这3种色彩混合叠加而成，因此也称为加色模式。RGB模式又称RGB色空间，它是一种色光表色模式，广泛用于生活中，如电视机、计算机显示屏、幻灯片等都是利用光来呈色的。印刷出版中常需扫描图像，扫描仪在扫描时首先提取的就是原稿图像上的RGB色光信息。

计算机定义颜色时，R、G、B这3种成分的取值范围是0～255，0表示没有刺激量，255表示刺激量达最大值。R、G、B均为255时就形成了白色，R、G、B均为0时就形成了黑色。在显示屏上显示颜色定义时，往往采用这种模式。图像如用于电视、幻灯片、网络、多媒体，一般使用RGB模式。

4. CMYK模式

当阳光照射到一个物体上时，这个物体将吸收一部分光线，并将剩下的光线进行反射，反射的光线就是人们所看见的物体颜色。这是一种减色色彩模式，这正是与RGB模式的根本不同之处。

按照这种减色模式，就衍变出了适合印刷的CMYK色彩模式。

CMYK代表印刷上用的4种颜色，C代表青色，M代表洋红色，Y代表黄色，K代表黑色。因为在实际应用中，青色、洋红色和黄色很难叠加形成真正的黑色，最多不过是褐色而已，因此引入了K——黑色。黑色的作用是强化暗调，加深暗部色彩。

5. Lab模式

Lab模式是Photoshop的标准模式，是图像由RGB转化为CMYK的中间过渡模式，它的特点是在不同的显示器或打印机设备上所显示的颜色相同。

1.5　常用图像文件格式

在Photoshop中，图像可保存为不同的文件格式，下面来认识一下这些文件格式的不同作用。

1.5.1　JPEG文件格式

JPEG是联合图形专家组图片格式，最适合于使用真彩色或平滑过渡式的照片和图片。该格式使用有损压缩来减少图片的大小，因此随着文件的减小，图片的质量也降低了，当图片转换成JPEG文件时，图片中的透明区域将转化为纯色。

技巧：当Photoshop每次打开一幅JPEG图像并再次存储该文件时，都会对该文件进行压缩，图像的质量也会因此降低。因此，不要频繁地对JPEG图像进行编辑，解决的方法是完成JPEG图像的编辑后进行保存，并另存或存储为副本。

1.5.2　TIFF文件格式

TIFF（Tag Image File Format）是Mac中广泛使用的图像格式，它由Aldus和Microsoft联合开发，最初是为跨平台存储扫描图像的需要而设计的。它的特点是图像格式复杂、存储信息多。正因为它存储的图像细微层次的信息非常多，图像的质量也得以提高，故而非常有利于原稿的复制。

该格式有压缩和非压缩两种形式，其中压缩可采用LZW无损压缩方案存储。目前在Mac和PC上移植TIFF文件也十分便捷，因而TIFF现在也是PC上使用最广泛的图像文件格式之一。

1.5.3 GIF文件格式

GIF（图形交换格式）最适合用于线条图（如最多含有256色）的剪贴画以及使用大块纯色的图片。当用户要保存图片为GIF时，可以自行决定是否保存透明区域或者转换为纯色。同时，通过多幅图片的转换，GIF格式还可以保存动画文件。但要注意的是，GIF最多只能支持256色。

目前，网页上较普遍使用的图片格式为GIF和JPG（JPEG）这两种图片压缩格式，因其在网上的装载速度很快，所有较新的图像软件都支持GIF、JPG格式。因此，要创建一张GIF或JPG图片，只需将图像软件中的图片保存为这两种格式即可。

1.5.4 BMP文件格式

BMP（Windows标准位图）是最普遍的点阵图格式之一，也是Windows系统下的标准格式，是将Windows下显示的点阵图以无损形式保存的文件，其优点是不会降低图片的质量，但文件比较大。

1.5.5 SCT文件格式

Scitex是一种图像处理和印刷系统，它所使用的SCT格式可用来记录RGB、CMYK及灰度模式下的连续层次。在Photoshop软件中，用SCT格式建立的文件可以和Scitex系统相互交换。

1.5.6 EPS文件格式

EPS（Encapsulated PostScript）是PC用户较少见的一种格式，而苹果Mac的用户则用得较多。它是用PostScript语言描述的一种ASCII码文件格式，主要用于排版、打印等输出工作。

1.5.7 PDF文件格式

PDF是由Adobe Systems创建的一种文件格式，允许在屏幕上查看电子文档。PDF文件还可嵌入到Web的HTML文档中。

1.5.8 PNG文件格式

这是可移植的网络图形格式，适合于任何类型，任何颜色深度的图片。也可以用PNG来保存带调色板的图片。该格式使用无损压缩来减少图片的大小，同时保留图片中的透明区域，所以文件也略大。尽管该格式适用于所有的图片，但有的Web浏览器并不支持它。

 提示：GIF格式和JPEG格式是目前网络上使用最普遍的图像格式，并能够被大多数浏览器所支持。

技能实训　图像格式的转换

每种图像格式都有自己的特点与应用领域，比如做网页绝不能用BMP格式的图片，而用GIF、PNG、JPEG格式的就比较合适，下面来学习如何正确地转换图片的格式。

操作分析

本例主要使用Photoshop CS5的图像格式转换功能，将PSD图像格式文件转换为互联网上常用的JPG压缩图像格式文件，然后比较两个文件的大小变化。

制作步骤

光盘同步文件

原始文件：光盘\素材文件\第1章\1-01.psd

结果文件：光盘\结果文件\第1章\1-01.jpg

同步视频文件：光盘\同步教学文件\01 图像格式的转换.avi

步骤 1 打开Photoshop CS5，在菜单栏中执行"文件"→"打开"命令，如图1-54所示。

步骤 2 弹出"打开"对话框，选择图片路径，选择光盘中的素材文件1-01.psd，单击"打开"按钮，如图1-55所示。

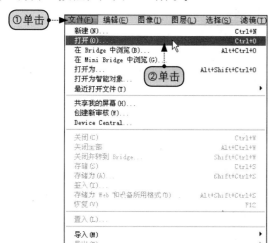

图1-54　"文件"下拉菜单

图1-55　"打开"对话框

步骤 3 打开1-01.psd文件，进入Photoshop工作界面，如图1-56所示。

步骤 4 从打开图像窗口的标题栏上可以看出，文件类型为PSD格式，如图1-57所示。

图1-56　打开图片　　　　　　　图1-57　图像窗口

步骤 5　在菜单栏中执行"文件"→"存储为"命令，如图1-58所示。

步骤 6　弹出"存储为"对话框后，单击"格式"下拉列表框，选择保存文件的格式类型为JPEG（*.JPE;*.JPEG;*JPE），单击"保存"按钮，如图1-59所示。

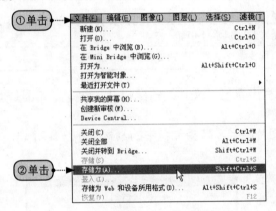

图1-58　"文件"下拉菜单　　　　　　图1-59　"存储为"对话框

步骤 7　选择图片格式后，弹出"JPEG选项"对话框。在"图像选项"栏中设置图像品质，单击"确定"按钮，如图1-60所示。

步骤 8　保存图像为JPG格式后，执行"文件"→"退出"命令，或者按【Alt+F4】快捷键，退出Photoshop CS5程序窗口，如图1-61所示。

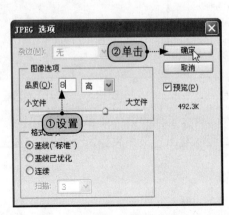

图1-60　"JPEG选项"对话框　　　图1-61　退出Photoshop CS5

提示：可在"品质"文本框中输入0~12数值，数值越大画质越清晰，但文件也越大。

最后查看和对比两种文件的大小，看看两种文件的区别。

步骤 9 打开光盘，找到素材文件1-01.psd，单击鼠标右键，在弹出的快捷菜单中选择"属性"命令，其属性如图1-62所示。

步骤 10 打开光盘，找到结果文件1-01.jpg，单击鼠标右键，在弹出的快捷菜单中选择"属性"命令，其属性如图1-63所示。

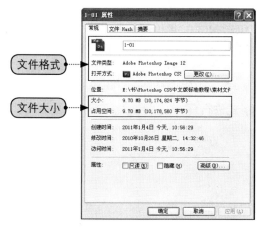
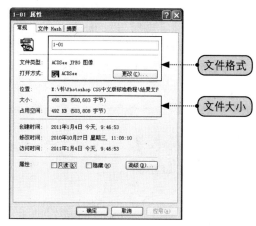

图1-62　PSD文件属性　　　　　图1-63　JPG文件属性

经过对比文件大小，可以发现PSD格式文件比JPG格式文件占用硬盘空间大得多。

课堂问答

前面的讲解使读者对Photoshop CS5有了一定的了解，下面列出一些常见的问题供参考。

问题1：位图与矢量图有什么区别？

答：位图和矢量图是计算机图形中的两大概念，这两种图形都被广泛应用于出版、印刷、互联网等各个方面，它们各有优缺点，两者各自的好处几乎是无法相互替代的。所以，长久以来，矢量图与位图在应用中一直是平分秋色。

位图的优缺点是：色彩变化丰富，在编辑上，可以改变任何形状区域的色彩显示效果，相应地，要实现的效果越复杂，需要的像素数越多，图像文件的大小（长宽）和体积（存储空间）也越大。

矢量的优缺点是：轮廓的形状更容易修改和控制，但是对于单独的对象，色彩上变化的实现不如位图来得方便、直接。另外，支持矢量格式的应用程序也远远没有支持位图的多，很多矢量图都需要专门的设计程序才能打开浏览和编辑。

矢量图可以很容易地转化成位图，但是位图转化为矢量图却并不简单，往往需要比较复杂的运算和手工调节。

矢量和位图在应用上也是可以相互结合的，比如在矢量文件中嵌入位图实现特别的效果，又如在三维影像中用矢量建模和位图贴图实现逼真的视觉效果等。

问题2：Photoshop界面中工具箱挡住视线时，如何隐藏呢？

答：

方法一 在切换显示模式时，用户可以通过应用程序栏的"屏幕模式"按钮 ▣▾ 对显示模式进行切换。切换到全屏模式后，可按【Esc】键恢复到标准模式。

方法二 按住键盘上的【Tab】键隐藏工具箱和菜单栏。

问题3：PSD格式和JPG格式哪个更好？

答：JPEG格式的应用非常广泛，特别是在网络和光盘读物上，都能找到它的身影。目前各类浏览器均支持JPEG这种图像格式，因为JPEG格式的文件尺寸较小，下载速度快。

PSD格式可以支持图层、通道、蒙版和不同色彩模式的各种图像特征，是一种非压缩的原始文件保存格式。扫描仪不能直接生成该种格式的文件。PSD文件有时容量会很大，但由于可以保留所有原始信息，在图像处理中对于尚未制作完成的图像，选用 PSD格式保存是最佳的选择。

两者用途不同，一般的图片均会压缩为JPG格式进行保存。

知识能力测试

本章讲解了Photoshop CS5的基础知识。为对知识进行巩固和测试，布置相应的练习题。

笔试题

一、填空题

(1) Adobe正式发布了最新版Photoshop CS5是在_____年_____月_____日。

(2) Photoshop CS5添加了用于创建和编辑_____以及基于_____内容的突破性工具。

(3) 矢量图的特点是放大后图像不会_____，和_____无关，文件占用空间较_____。

二、选择题

(1) 在Photoshop CS5中，（　　　　）是工作界面中没有的。

　　A．标题栏　　　　　　　　B．工具箱
　　C．面板　　　　　　　　　D．扩展区

(2) （　　　）格式是输出图像到网页最常用的格式。

　　A．JPG　　　　　　　　　B．GIF
　　C．PDF　　　　　　　　　D．TIFF

上机题

本章课程已经学完，请完成以下操作题，以加深对知识点的理解，并巩固所学的技能技巧。

(1) 打乱操作界面后快速复位。

打开光盘中的素材文件1-03.jpg，随意拖动面板和工具箱，打乱操作界面的正常状态，单击标题栏右上角的"显示更多工作区和选项"按钮 **》**，在打开的下拉列表中选择"复位基本功能"选项，操作界面恢复初始状态，如图1-64所示。

(a) 打乱后的界面　　　　　　　　　　(b) 恢复后的界面

图1-64　恢复操作界面前后对比

(2) 更改图像的分辨率。

打开光盘中的素材文件1-04.jpg，文件为位图文件，分辨率为350像素/英寸。执行"图像"→"图像大小"命令或者按【Alt+Ctrl+I】快捷键，将弹出"图像大小"对话框，在对话框中设置"分辨率"选项为50像素/英寸。如图1-65所示为不同分辨率的显示效果。

(a) 原图　　　　　(b) 更改分辨率为50后的效果　　　　　(c) 更改分辨率为20后的效果

图1-65　更改分辨率前后对比

第2章

Photoshop CS5
操作应用快速入门

Photoshop CS5中文版标准教程（超值案例教学版）

重点知识

- Photoshop CS5的基本操作
- 辅助工具的使用
- Photoshop CS5的视图控制

难点知识

- 图像尺寸的调整
- Adobe Bridge CS5的使用

本章导读

在学习Photoshop CS5之前，熟练掌握其基本操作尤为重要。掌握Photoshop CS5的基本操作就是掌握图像处理和编辑的操作。本章将具体介绍Photoshop CS5的基本操作，包括新建、保存、关闭和打开图像文件，放大、缩小图像等。本章通过了解Photoshop CS5的基础知识，让读者快速入门。

2.1　文件的基本操作

Photoshop CS5中对文件的基本操作包括新建、存储、打开、关闭，下面将分别讲解具体操作。

2.1.1　新建图像文件

在Photoshop CS5中进行设计制作前，首先要新建一个空白文件。空白文件中没有任何图像信息。使用菜单命令新建文件的具体操作方法如下。

步骤 1　在菜单栏中执行"文件"→"新建"命令，如图2-1所示。

步骤 2　在弹出的"新建"对话框的"名称"文本框中输入任意名称，在"宽度"文本框中输入400、"高度"文本框中输入300、"分辨率"文本框中输入200，单击"确定"按钮，如图2-2所示。

步骤 3　单击"确定"按钮后，得到一个空白文件，文件窗口如图2-3所示。

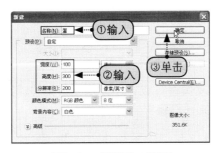

图2-1　选择"新建"命令　　　　图2-2　"新建"对话框　　　　图2-3　空白文件窗口

技巧：也可以按【Ctrl+N】快捷键进行新建。

2.1.2　打开图像文件

通过"文件"菜单中的"打开"命令可以打开指定的文件，包括Photoshop文件（*.PSD），以及其他很多不同格式的文件，如JPG、AI、GIF、PDF、BMP等。打开文件的实现方法有以下几种。

方法一　执行菜单栏中的"文件"→"打开"命令或按【Ctrl+O】快捷键，弹出"打开"对话框。在"查找范围"下拉列表中选择打开文件的位置，然后选择需要打开的图片文件，单击"打开"按钮即可，如图2-4所示。

方法二　在图片所在的文件夹窗口中选中要打开的图片，按住鼠标左键将其拖动到Photoshop应用程序中，释放鼠标左键即可打开该图片。

方法三　执行"文件"→"打开为"命令，将弹出"打开为"对话框。在"打开为"对话框中会出现所有的文件供用户选择，用户所要打开的文件必须要与"打开为"下拉列表中的文件类型一致，否则不能打开该文件。

(a) 执行菜单命令　　　　　　(b) "打开"对话框

图2-4　打开文件

 技巧：在Photoshop CS5图像窗口的空白处双击鼠标左键，也可以弹出"打开"对话框进行操作。

2.1.3　保存图像文件

图像编辑完成后，需要对图像进行保存，否则会丢失编辑完成的信息。保存的方法有很多种，用户可根据各自的需要来选择保存的方法。

方法一　执行菜单栏中的"文件"→"存储"命令，弹出"存储为"对话框。在对话框的"保存在"下拉列表中选择文件的保存位置，在"文件名"文本框中输入保存文件的名称，在"格式"下拉列表中选择文件的保存类型，最后单击"保存"按钮即可。

方法二　对图像文件进行编辑后，若既要保留编辑过的文件，又不想放弃原始文件，则可以用"存储为"命令来保存文件。执行"文件"→"存储为"命令，在弹出的"存储为"对话框中设置好存储路径、文件名称和类型，单击"保存"按钮即可，如图2-5所示。

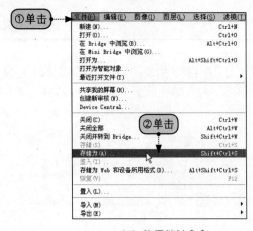

(a) 执行菜单命令　　　　　　(b) "存储为"对话框

图2-5　存储文件

如果需要将图像存储为网页所用的图像格式时，可以执行"文件"→"存储为Web和设备所用格式"命令，在弹出的对话框中选择优化显示方式，然后在"预设"栏中设置网页图像格式，并根据需要设置其他相关参数，最后单击"存储"按钮，打开"将优化结果存储为"对话框。输入保存文件的路径、名称和类型，然后单击"保存"按钮，即可将图像文件保存为Web格式的图像。

> 技巧：用户还可以按【Ctrl+S】快捷键进行保存。【Ctrl+S】为"存储"快捷键，会直接替换原始文件，如需要另外保存，可用"存储为"命令。

2.1.4 关闭图像文件

编辑文件并保存完成后，就可以关闭文件了。

方法一 选择要关闭的文件，执行"文件"→"关闭"命令。

方法二 如果要关闭打开的所有文件，执行"文件"→"关闭全部"命令，就可关闭Photoshop CS5中所有打开的文件。

方法三 在Photoshop CS5程序窗口中，单击要关闭文件窗口右上角的"关闭"按钮即可。

> 技巧："关闭"命令的快捷键是【Ctrl+W】，"关闭全部"命令的快捷键是【Alt+Ctrl+W】。

2.2 图像窗口的基本操作

Photoshop CS5对图像窗口的基本操作分为移动、排列、任意拖动、快速切换等几种。

2.2.1 移动图像窗口

拖动图像窗口的标题栏，可将图像窗口单独显示出来。按住鼠标左键不放，并拖动图像窗口的标题栏，将其拖动至合适位置，然后释放鼠标左键，即可移动图像窗口，如图2-6所示。

图2-6 移动图像窗口

2.2.2 排列图像窗口

由于不同的需要，Photoshop CS5中图像有多种不同的窗口排列方法，如层叠、平铺、合并到选项卡等。

1. 层叠

执行"窗口"→"排列"→"层叠"命令，图像窗口会自动重叠排列，如图2-7所示。

(a) 原图像窗口排列　　　　　　　　　　(b) 执行"层叠"命令后的图像窗口排列

图2-7　层叠排列

2. 平铺

执行"窗口"→"排列"→"平铺"命令，图像窗口会自动平铺排列，如图2-8所示。

(a) 原图像窗口排列　　　　　　　　　　(b) 执行"平铺"命令后的图像窗口排列

图2-8　平铺排列

3. 将内容合并到选项卡

执行"窗口"→"排列"→"将内容合并到选项卡"命令，图像窗口会自动合并到选项卡进行排列，如图2-9所示。

（a）原图像窗口排列　　　　　　（b）执行"将内容合并到选项卡"命令后的图像窗口排列

图2-9　合并到选项卡排列

2.2.3　改变窗口大小

　　把鼠标放在图像边框位置，当鼠标呈形状时，单击鼠标左键拖动图像窗口，可改变图像窗口大小，如图2-10所示。

（a）原图像窗口大小　　　　　　　　（b）改变图像窗口大小后

图2-10　改变窗口大小

2.2.4　切换图像窗口

　　方法一　当打开多个图像时，要切换图像窗口，可选择"窗口"菜单，在下拉菜单最底部单击要编辑的图像名称，便可切换图像窗口，如图2-11所示。

　　方法二　单击选项卡内图像的标题栏，就可以切换图像窗口，如图2-12所示。

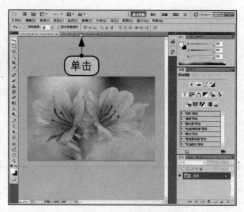

图2-11 用"窗口"菜单切换　　　　　　　图2-12 单击标题栏切换

2.3 辅助工具

为了方便用户使用Photoshop CS5，需要了解并掌握辅助工具。Photoshop CS5中的辅助工具包括缩放工具、抓手工具、标尺、网格、参考线等，下面逐一进行介绍。

2.3.1 缩放工具

在编辑图像的时候，为了方便编辑和操作，可以将图像在屏幕上进行显示比例的放大或缩小。进行放大与缩小并没有改变图像的实际尺寸，具体操作方法有多种。

方法一 执行菜单栏中的"视图"→"放大"命令放大图像；执行菜单栏中的"视图"→"缩小"命令缩小图像。

方法二 按【Ctrl++】键放大图像；按【Ctrl+-】键缩小图像。

方法三 选择工具箱的缩放工具，当鼠标光标变为形状时，在图像窗口中单击或按住【Alt】键单击，可放大或缩小图像到下一个预设百分比。按住鼠标左键，在图像窗口中拖出一个矩形区域，可将选区区域局部放大至整个窗口，如图2-13所示。

（a）放大前　　　　　　　　　　　（b）放大后

图2-13 使用缩放工具放大图像

 提示：单击选项栏中的按钮，当鼠标光标变为形状时，使用相同的方法可缩小图像。

方法四 在"导航器"控制面板中，向右拖动面板底部的滑块或单击"放大"按钮，可放大图像；向左拖动滑块或单击"缩小"按钮可缩小图像；在面板左下角的文本框中输入数值，可按指定值放大或缩小图像，如图2-14所示。

（a）放大前　　　　　　　　　　　　　（b）放大后

图2-14　使用"导航器"控制面板放大图像

 技巧："导航器"控制面板缩略图中的红色选框表示被放大区域。在选框中按住鼠标左键并拖动，可移动放大选框至图像中的任意位置。在图像窗口左下角的文本框中输入数值，也可按指定值放大或缩小图像。

2.3.2　抓手工具

在对图像进行操作时，当图像放大显示后，图像的某些部分将超出当前窗口的显示区域，无法在窗口中完全显示，此时窗口将自动出现垂直或水平滚动条。如果要查看被放大图像的隐藏区域，就可以利用工具箱中的抓手工具或标题栏上的抓手工具，在画面中按住鼠标左键不放并拖动，如图2-15所示，从而在不影响图层相对位置的前提下平移图像在窗口中的显示位置，以方便观察图像窗口中无法显示的内容。

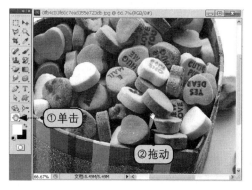

图2-15　用抓手工具移动图像在窗口中的显示位置

 技巧：双击抓手工具将自动调整图像大小，以适合屏幕的显示范围。

2.3.3 标尺

执行菜单栏中的＂视图＂→＂标尺＂命令，使＂标尺＂命令前出现✔标志，即可调出标尺工具，如图2-16所示。使用标尺可以帮助用户精确定位图像或元素，标尺会出现在当前活动图像窗口的顶部和左侧，如图2-17所示。当用户移动指针时，标尺内的标记会显示指针的位置。

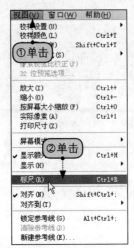
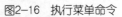

图2-16 执行菜单命令　　　图2-17 标尺

2.3.4 网格

网格可帮助用户精确定位图像或元素。网格在默认情况下显示为不打印的线条，但也可以显示为点。执行菜单栏中的＂视图＂→＂显示＂→＂网格＂命令，即可显示出网格，如图2-18所示。

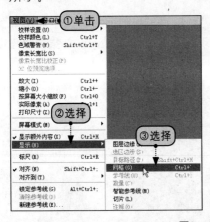
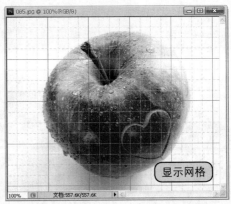

图2-18 设置网格

提示：取消显示网格的方法与显示网格的方法相同。执行菜单栏中的＂视图＂→＂显示＂→＂网格＂命令，使＂网格＂命令前的✔标志隐藏，即可将网格隐藏。

技巧：单击标题栏中的＂查看额外内容＂按钮，在弹出的下拉列表中选择＂显示网格＂选项，也可显示网格。

2.3.5 参考线

为了精确知道某一位置，或进行对齐操作，用户可绘出一些参考线。这些参考线浮动在图像上方，且不会被打印出来。用户可以移动或移去参考线。

执行菜单栏中的"视图"→"新建参考线"命令，在打开的"新建参考线"对话框中选择参考线方向，输入它的位置，单击"确定"按钮，如图2-19所示。

图2-19 设置参考线

2.4 图像尺寸的调整

当对打开或新建的图像和画布大小不太满意时，用户可以进行手动调整，以设定需要的图像和画布大小。

2.4.1 调整图像大小

通常情况下，图像尺寸越大，图像文件所占空间也越大，通过设置图像尺寸可以减小文件大小。调整图像大小包括改变图像的像素、高度、宽度和分辨率。

打开需要调整的图像文件，执行"图像"→"图像大小"命令，弹出"图像大小"对话框，如图2-20所示。在"像素大小"栏的"宽度"和"高度"文本框中输入需要设定的数值后，单击"确定"按钮即可。

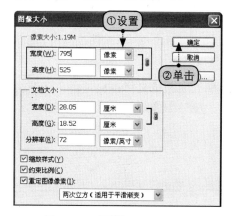

➡ **像素大小**：此栏中可以设置当前文件"宽度"和"高度"的像素值。

➡ **文档大小**：此栏中可以设置当前文件的尺寸和分辨率。

➡ **缩放样式**：在调整图像大小时按比例缩放效果。

➡ **约束比例**：勾选此项时，在单独改变图像的宽度或高度中的某一项时，另一项会按比例自动进行缩放。

➡ **重定图像像素**：勾选此项时，当改变图像大小时，图像所包含的像素量也会随之增加或减少。

图2-20 "图像大小"对话框

> 提示：如果不勾选"重定图像像素"复选框，则"文档大小"栏中的3个选项都会被锁定，无论图像是变大还是变小，都是通过自动调整图像分辨率来适应变化，不会引起像素总量的增减。

2.4.2 调整画布大小

画布属性是由新建或打开的文件决定的，设置画布的大小是从绝对尺寸上进行改变。改变画布大小后，其文件的大小也会随之改变，改变后的文件大小显示在"新建大小"栏中。

执行"图像"→"画布大小"命令，在弹出的"画布大小"对话框中可以修改画布的大小，在"新建大小"栏的"宽度"和"高度"文本框中输入需要设定的数值，设置好后单击"确定"按钮即可，如图2-21所示。

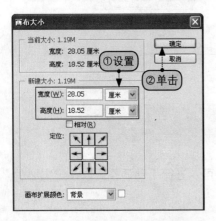

➜ **相对**：勾选此项时，"宽度"和"高度"文本框为空白，输入的数值表示在原来尺寸上要增加的数值。

➜ **定位**：可以指定改变画布大小时的变化中心，当指定到中心位置时，画布就以自身为中心向四周增大或减小；当指定到顶部中心时，画布就从自身的顶部向下、左、右增大或减小，而顶部中心不变。

➜ **画布扩展颜色**：在打开的下拉列表中可以设置扩展画布时所使用的颜色。

图2-21　"画布大小"对话框

技能实训　使用Adobe Bridge CS5查看并批量重命名文件

Photoshop CS5中提供了新的功能，利用Adobe Bridge可以方便地对图像文件进行查看、排列和处理，还可以查看从数码相机导入的照片的拍摄信息和相关数据。

操作分析

从Bridge CS5中，用户可以查看、搜索、排序、管理和处理图像文件，也可以创建新文件夹，对文件进行重命名，移动和删除操作，编辑元数据，旋转图像以及运行批处理命令。下面给读者讲解Adobe Bridge CS5的使用。

操作步骤

光盘同步文件

原始文件：无

结果文件：无

同步视频文件：光盘\同步教学文件\02　使用Adobe Bridge CS5查看并批量重命名文件.avi

步骤1 打开Photoshop CS5，执行菜单栏中的"文件"→"在Bridge中浏览"命令，如图2-22所示。

步骤2 经过上一步的操作，打开了Adobe Bridge界面，如图2-23所示。

图2-22　执行"在Bridge中浏览"命令　　　图2-23　Adobe　Bridge界面

步骤3 执行菜单栏中的"窗口"→"工作区"命令，会弹出"工作区"级联菜单，菜单中有不同模式的工作区可供使用者根据需要选择的不同模式，如图2-24所示。

步骤4 单击需要查看的图片，左右两边会出现图片的相关信息，如图2-25所示。

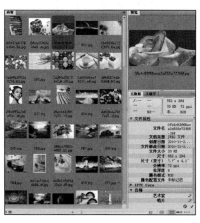

图2-24　"工作区"级联菜单　　　图2-25　查看图片

步骤5 打开要管理的图像文件夹，执行"文件"→"全选"命令或按【Ctrl+A】快捷键，选择文件夹中的所有图片，如图2-26所示。

步骤6 执行"工具"→"批重命名"命令，弹出"批重命名"对话框，若要将批重命名的文件移动至其他文件夹，则选中"目标文件夹"选项组中的"移动到其他文件夹"单选按钮，如果不需要移动文件，则选中"在同一文件夹中重命名"单选按钮。在"新文件名"选项组中可填写新文件名称、选择序列数字位数等。单击"预览"按钮可查看新文件名称，最后单击"重命名"按钮确认修改文件名称，如图2-27所示。

图2-26 全选图像文件

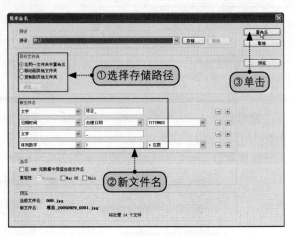

图2-27 "批重命名"对话框

课堂问答

通过本章的讲解，读者们对Photoshop CS5的基本操作有了一定的了解，下面列出一些常见的问题供参考。

问题1：不需要使用标尺怎么办？

答：执行菜单栏中的"视图"→"标尺"命令，使"标尺"命令前的✔标志隐藏，即可将标尺隐藏起来，如图2-28所示。

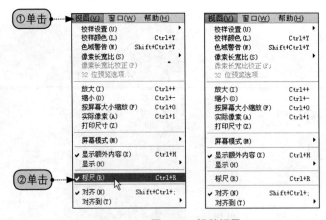

图2-28 隐藏标尺

问题2：打开一个图像文件后，为什么看不到图像窗口右上方的"最小化"按钮和"还原/最大化"按钮？

答：打开图像文件后进行移动图像文件操作，将图像文件窗口拖离工作界面才会出现这两个按钮。

问题3：如何翻转图像？

答：执行"图像"→"图像旋转"命令，在打开的子菜单中选择相应的命令可以旋转或者翻转画布，如图2-29所示。

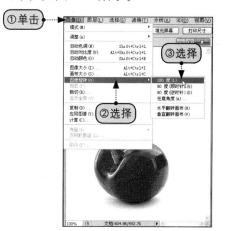

图2-29　翻转画布

知识能力测试

本章讲解了Photoshop CS5的基本操作。为对知识进行巩固和测试，布置了相应的练习题。

笔试题

一、填空题

（1）图像窗口的排列方式主要有_____、_____和_____等。

（2）两种放大与缩小图像的方法为：_____和_____。

（3）网格可帮助用户_____或_____。网格在默认情况下显示为_____，但也可以显示为点。

二、选择题

（1）保存图像的方法为（　　　　）。

　　A．按【Ctrl+S】键

　　B．按【Alt+S】键

　　C．执行菜单栏中的"文件"→"存储"命令

　　D．执行菜单栏中的"文件"→"保存"命令

（2）如果要将某个图像文件以特定的文件格式打开，那么需要执行"文件"菜单中的（　　）命令。

　　A．打开　　　　　　　B．导入

　　C．打开为　　　　　　D．导出

(3) 如果要一次性关闭当前打开的所有文件窗口，可（　　　　）。

A．执行"文件"→"关闭全部"命令

B．按【Ctrl+W】快捷键

C．执行"文件"→"关闭"命令

D．按【Alt+Ctrl+W】快捷键

上机题

(1) 新建一个名为"宣传单"的空白图像。

打开Photoshop CS5程序窗口，执行"文件"→"新建"命令，在弹出的"新建"对话框中输入名称为"宣传单"，设置文件的"宽度"为1024像素、"高度"为768像素、"分辨率"为300像素/英寸、"颜色模式"为8位的"RGB颜色"、背景内容为"白色"，设置完成后单击"确定"按钮，新建图像完成，如图2-30所示。

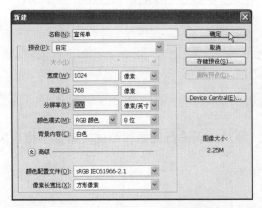

图2-30　新建空白图像

(2) 打开光盘中的素材文件2-01.jpg，单击工具箱中的缩放工具 🔍，在工具选项栏中单击"实际像素"按钮，图像以100%的实际像素进行显示，在实际大小中查看图像，如图2-31所示。

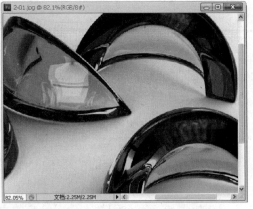

图2-31　查看图片的实际像素

第3章

图像选区的创建与编辑

Photoshop CS5中文版标准教程（超值案例教学版）

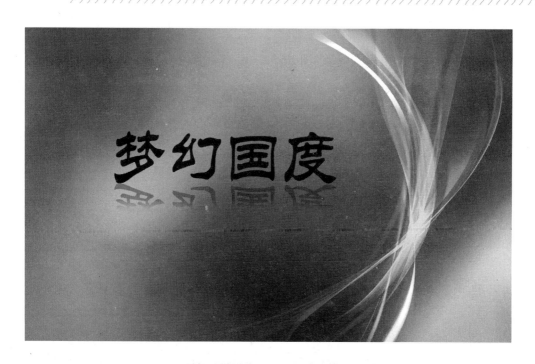

重点知识

- 创建规则选区
- 创建不规则选区
- 选区的基本操作

难点知识

- 羽化选区
- 利用色彩范围选择选区

本章导读

在图像处理过程中，常常需要对图像某一区域或位置的内容进行移动、单独编辑、填充、描边等操作，以达到完美的图像效果。因此，我们需要掌握如何利用一系列工具或菜单将需要编辑的这部分区域选择出来，即创建选区。
本章将讲解选区的创建和编辑方法，使读者可以轻松地在图像中将需要编辑的部分框选出来。

3.1　创建规则选区

使用工具箱中的选框工具组可在图像窗口中创建规则几何形状的选区，也是Photoshop中最常用、最基本的选取工具。

选框工具组中提供了4种选框工具，分别是矩形选框工具、椭圆选框工具、单行选框工具和单列选框工具。选框工具组在工具箱中默认的是矩形选框工具，在矩形选框工具按钮上右击鼠标，就会弹出选框工具的复合工具组。

3.1.1　矩形选框工具

使用矩形选框工具在图像中选取图像时，需要通过鼠标的拖曳指定矩形图像区域，以创建出矩形或正方形的选区，然后可以对选区进行组合或编辑。

步骤 1 打开任意图像文件，单击工具箱中的矩形选框工具，如图3-1所示。

步骤 2 将鼠标指针移至图像中，按住鼠标左键拖动，就可以绘制出一个矩形选区，如图3-2所示。

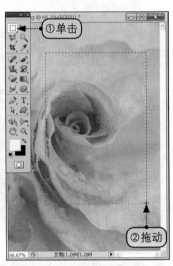

图3-1　单击矩形选框工具　　　　图3-2　绘制矩形选区

技巧：选择矩形选框工具后，按住【Shift】键不放，在图像窗口中拖动鼠标即可创建一个正方形选区。

3.1.2　椭圆选框工具

利用椭圆选框工具可以在图像或者图层中创建圆形或椭圆形选区，具体操作如下。

步骤 1 打开任意图像文件，在工具箱的矩形选框工具处右击鼠标，弹出复合工具组，选择椭圆选框工具，如图3-3所示。

步骤 2 将鼠标指针移至图像中，按住鼠标左键拖动，就可以绘制出一个椭圆选区，如图3-4所示。

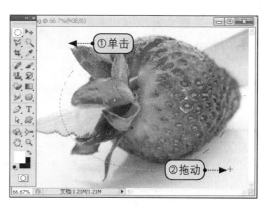

图3-3 选择椭圆选框工具 　　　　　　　　　图3-4 绘制椭圆选区

技巧：使用椭圆选框工具创建选区时，按住【Shift】键的同时拖动鼠标，释放鼠标后可创建一个正圆形的选区。

3.1.3 单行、单列选框工具

单行选框工具用于创建高度为1像素的选区，单列选框工具用于创建宽度为1像素的选区，多用于选择图像的细节部分。在选框工具组中选择单行选框工具后，指向图像窗口中单击鼠标，就可以在相应位置创建出高度为1像素、宽度为画布宽度的选区；在工具箱中选择单列选框工具后，指向图像窗口中单击鼠标，就可以在相应位置创建出高度为画布高度、宽度为1像素的选区。利用单行选框工具和单列选框工具创建的选区如图3-5所示。

图3-5 单行、单列选区

提示：在运用Photoshop绘制表格或许多平行线和垂直线时，可以运用工具箱中的单行或单列选框工具方便地进行绘制并进行相应的填充操作，从而提高工作效率。

3.1.4 编辑选区

在使用选框工具创建选区时，无论是使用规则选框工具，还是使用不规则选框工具，其选项栏的左边都会显示出如图3-6所示的选区编辑按钮。通过这些按钮，可以完成创建新选区、向已有选区添加选区、从已有选区减去选区等编辑操作。

图3-6　选框工具选项栏

①新选区：可单击选框工具选项栏上的"新选区"按钮 ，这是创建选区时的默认选项，当创建第二个选区时，第一个选区就会自动取消。

②添加到选区：当创建好第一个选区后，还要增加选区时，就可单击选框工具选项栏上的"添加到选区"按钮 ，或者按住【Shift】键，这时光标变为 ，就可以使用选框工具任意添加选区了。如图3-7所示。当添加的新选区与原选区相连时，则会自动形成一个新的封闭选区，如图3-8所示。

图3-7　创建选区　　　　　　　　　　　　　　图3-8　添加选区

③从选区减去：当创建好第一个选区后，需要从已有选区中减去部分选区时，就可单击选框工具选项栏上的"从选区减去"按钮 ，或者按住【Alt】键，这时光标变为 ，就可以使用选框工具从原选区中减去部分选区了，如图3-9所示。新建选区与原选区相交部分即被减去，如图3-10所示。

图3-9　创建选区　　　　　　　　　　　　　　图3-10　减去选区

 提示：当新创建的选区与原选区没有相交部分时，原选区会没有任何改变。当新创建的选区完全包含原选区时，这时就会弹出"未选择任何像素"的警示框。

④与选区交叉：要得到两个选区的相交部分，可单击选框工具选项栏上的"与选区交叉"按钮，或者同时按住【Alt】键和【Shift】键，这时光标变为，使用选框工具创建一个选区与原选区相交，如图3-11所示。松开鼠标后，就得到了选区的相交部分，如图3-12所示。

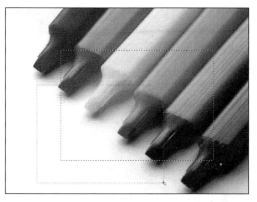

图3-11 创建选区

图3-12 交叉选区

提示：当新创建的选区与原选区没有相交部分时，就会弹出"未选择任何像素"的警示框。

3.2 创建不规则选区

很多时候，我们需要选择的区域并不是矩形、椭圆这类规则的图形，此时就需要用到套索工具组和魔棒工具组等进行选取。套索工具组是Photoshop CS5中很常用的工具，运用套索工具组中的工具可以创建不规则形状的选区，而且操作非常便捷。套索工具组中包括套索工具、多边形套索工具、磁性套索工具。魔棒工具组也是非常常用的工具，包括魔棒工具和快速选择工具。

3.2.1 套索工具

套索工具适用于创建不规则选区，可以通过鼠标移动的位置手动创建任意形状的选区。套索工具一般用于选取一些外形比较复杂的图形。

步骤1 打开光盘中的素材文件3-01.jpg，单击工具箱中的套索工具，如图3-13所示。

步骤2 移动鼠标至图形窗口，在需要选择的图像边缘单击鼠标并拖动，以选取所需要的范围，如图3-14所示。

提示：在使用套索工具创建选区时，在任意位置处拖曳鼠标，释放鼠标左键后，系统将自动在鼠标单击的起始点和鼠标释放的位置之间进行连续，作为创建的选区。

图3-13　选择套索工具　　　　　　　　　　图3-14　创建选区

3.2.2　多边形套索工具

多边形套索工具用于选取不规则的多边形选区，通过鼠标的连续单击创建选区边缘。多边形套索工具适用于选取一些复杂的、棱角分明的图像。

步骤 1　打开光盘中的素材文件3-02.jpg，在工具箱的套索工具处右击鼠标，单击多边形套索工具 ，如图3-15所示。

步骤 2　在需要创建选区的图像边缘单击鼠标，确认起始点，根据不同需要改变选取范围方向的转折点并单击鼠标，创建路径点，如图3-16所示。

图3-15　选择多边形套索工具　　　　　　　图3-16　拖动鼠标

步骤 3　当终点与起点重合时，鼠标指针下方显示一个闭合图标 ，如图3-17所示。

步骤 4　单击鼠标左键，完成选取的操作，得到一个多边形选区，如图3-18所示。

图3-17　出现闭合图标　　　　　　　　　图3-18　创建选区

3.2.3　磁性套索工具

使用磁性套索工具绘制选区时，系统会自动识别边缘像素。该工具特别适合于创建边界明显的选区。单击工具箱中的磁性套索工具，其选项栏的常见属性如图3-19所示。

图3-19　磁性套索工具选项栏

➡ **宽度：**用于设置磁性套索工具选取图像时的探查距离，在其右侧的文本框中可输入 1～256像素之间的数值。其数值越大，探查的范围就越大。

➡ **对比度：**用于设置磁性套索工具对图像边缘的灵敏度。其数值越大，反差也就越大，选取的范围越精细。

➡ **频率：**用于设置边界的锚点数，这些锚点起到了定位选择的作用。

➡ **调整边缘：**用于创建选区后调整选区边缘。

使用磁性套索工具创建选区的具体操作步骤如下。

步骤 ❶ 打开光盘中的素材文件3-03.jpg，在工具箱的套索工具处右击鼠标，单击磁性套索工具 。在图像物体边缘处单击鼠标左键，确认起始点，然后沿物体的边缘进行拖动，如图3-20所示。

步骤 ❷ 当终点与起始点重合时，鼠标指针呈 形状，单击鼠标左键即可创建一个选区，如图3-21所示。

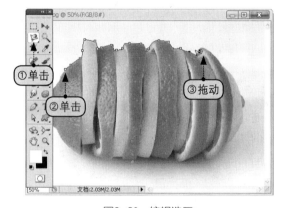

图3-20　编辑选区

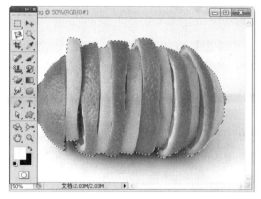

图3-21　创建选区

3.2.4　魔棒工具

魔棒工具是通过分析颜色区域创建选择区域，选择范围的大小取决于其工具选项栏中"容差"值的高低，"容差"值越高，选择的范围就越大，"容差"值越低，选择的范围就越小。魔棒工具选项栏中的常见参数如图3-22所示。

图3-22　魔棒工具选项栏

➡ **容差：**用于设置选择区域的精度。其右侧文本框的数值越小，选取的颜色范围越近似，选取范围也就越小。

➡ **连续：**选中该复选框，在图像中只能选择与鼠标落点处像素颜色相近且相连的部分；取消选中该复选框，在图像中便可以选择所有与鼠标落点处像素颜色相近的部分。

➡ **对所有图层取样：**选中该复选框时，将在所有可见图层中应用魔棒工具；取消选中该复选框，则魔棒工具只能作用于当前工作图层。

魔棒工具的具体使用方法如下。

步骤❶ 打开光盘中的素材文件3-04.jpg，选取工具箱中的魔棒工具，在选项栏中设置"容差"值为50%，在红色叶子处单击鼠标，如图3-23所示。

步骤❷ 释放鼠标后，得到一个选区，如图3-24所示。

图3-23　选择魔棒工具　　　　　　　　图3-24　创建选区

步骤❸ 单击选项栏中的"添加到选区"按钮，移动鼠标至红色叶子的未选取区域，此时鼠标指针呈形状，如图3-25所示。

步骤❹ 继续在红色叶子的位置添加选区，直到所有叶子部分都选中，如图3-26所示。

图3-25　添加选区　　　　　　　　图3-26　选择所有叶子

3.2.5　快速选择工具

快速选择工具是一款智能选取工具，其选择范围比魔棒工具更加直观和准确。快速选择工具会自动分析涂抹区域，并寻找到边缘，使其与背景分离。

使用快速选择工具创建选区的具体操作步骤如下。

步骤❶ 打开光盘中的素材文件3-05.jpg，选择工具箱中的快速选择工具，打开选项栏的"画笔"下拉菜单，设置画笔大小为20px，其他参数使用默认值，如图3-27所示。

步骤 2 在图像上要创建选区的区域拖动鼠标，释放鼠标后，鼠标经过区域的相近颜色像素转换为选区，如图3-28所示。

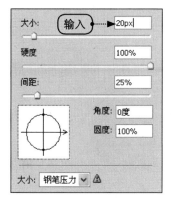

图3-27　设置画笔属性　　　　　图3-28　创建选区

 提示：快速选择工具的基本原理是基于画笔模式的，即可以"画"出所需的选区。如果要选取离边缘比较远的较大区域，就要使用大一些的画笔大小；如果要选取边缘，则应换成小尺寸的画笔。

3.3　选区的基本操作

当创建的选区不能满足制作的需要时，可以对选区进行一系列的变化，如移动选区、变换选区等。下面分别对它们进行讲解。

3.3.1　全部选择和取消选择

使用"全部"命令可以快速选择全部图层的所有像素。执行"选择"→"全部"命令即可。

 技巧：按【Ctrl+A】快捷键可以快速选择全部图层的所有像素。

使用"取消选区"命令可以取消当前选择的区域。创建选区并对选区操作完成后，可以通过以下任意一种方法取消选区。

方法一 执行"选择"→"取消选择"命令。
方法二 在当前选择区域外单击鼠标左键，可以快速取消当前选择区域。
方法三 按【Ctrl+D】快捷键。

3.3.2　反向选择

在运用Photoshop CS5处理图像时，经常需要将创建的选区与非选区进行相互转换。执行"选择"→"反向"命令可以达到这一目的。下面介绍具体的操作方法。

步骤① 打开光盘中的素材文件3-06.jpg，选取工具箱中的快速选择工具，在图像窗口中创建一个选区，如图3-29所示。

步骤② 执行"选择"→"反向"命令，此时系统将创建的选区与非选区之间进行了转换，得到了新选区，如图3-30所示。

图3-29 创建选区

图3-30 反向选择

 技巧： 运用选区工具创建选区后，在图像窗口的任意位置单击鼠标右键，在弹出的快捷菜单中选择"选择反向"命令，可以快速地反向当前选区。

3.3.3 移动选区

创建好选区后，可以对选区或选区中的图像进行移动操作。选区的移动可以通过任何一种选框工具来执行。下面介绍具体的操作方法。

步骤① 打开图像文件，选取工具箱中的矩形选框工具，在图像中创建一个矩形选区，如图3-31所示。

步骤② 单击选项栏中的"新选区"按钮■，移动鼠标至创建的选区内，此时鼠标指针呈▷形状，单击鼠标左键并拖曳即可移动选区的位置，如图3-32所示。

图3-31 创建选区

图3-32 移动选区

 提示： 在用鼠标拖动选区的过程中，按住【Shift】键不放可使选区在水平、垂直或45°斜线方向移动；按方向键可以每次以1像素为单位移动选区；按住【Shift】键的同时按方向键，则可以每次以10像素为单位移动选区。

3.3.4 变换选区

使用〝变换选区〞命令可以对创建的选区进行缩放、旋转、斜切等变换操作。执行〝选择〞→〝变换选区〞命令后，选区的边框上将出现8个控制手柄。

将鼠标指针移动到图像内部区域，当指针变为 形状时，可以拖动鼠标移动当前选区；将鼠标指针移动到选区的控制手柄上，当指针变为 形状时，可以对当前选区进行缩放、斜切等变换操作；将鼠标指针移动到图像角控制手柄上，当指针变为 形状时，可以进行选区的旋转变换操作，如图3-33所示。

图3-33 变换选区

 技巧：在进行选区变换过程中，可以单击鼠标右键，在弹出的快捷菜单中选择变换命令，以便快速切换不同的选区变换方式。

3.3.5 应用"色彩范围"命令选择区域

使用〝色彩范围〞命令创建选区是根据指定颜色来定义选区范围，根据取样的颜色可以增加或减少选择区域。具体操作步骤如下。

步骤 1 打开光盘中的素材文件3-07.jpg，执行〝选择〞→〝色彩范围〞命令，如图3-34所示。

步骤 2 在弹出的〝色彩范围〞对话框中设置〝颜色容差〞为70，单击吸管工具，其他参数设置为默认值，使用吸管工具在图像的白色花瓣部分单击鼠标左键，如图3-35所示。

步骤 3 单击〝色彩范围〞对话框中的〝确定〞按钮，完成的效果如图3-36所示。

图3-34 执行"色彩范围"命令　　　图3-35 "色彩范围"对话框　　　图3-36 利用"色彩范围"命令创建选区

提示：使用"色彩范围"命令创建选区时，如果弹出"任何像素都不大于50%选择，选区边将不可见"警告框，通常是用户在"选择"下拉菜单中选取了颜色选项，例如选择"绿色"，因为图像中并不存在高饱和度的绿色色相，所以不能进行选择。

3.3.6 复制选区

复制选区就是将所选择的区域进行复制，并且所复制的区域可以在同一个图层中显示。通过对图像进行复制，可使用户快捷地制作出相同的图像。复制选区的具体操作如下。

步骤 1 打开光盘中的素材文件3-08.jpg，选取工具箱中的磁性套索工具，在图像中创建一个选区，如图3-37所示。

步骤 2 选择工具箱中的移动工具，同时按住【Alt】键，当鼠标指针变成 时拖动鼠标，即可将所选择的区域进行复制，如图3-38所示。

图3-37 创建选区　　　　　　　　　　　图3-38 复制选区

3.4 选区的设置

选区的设置是指应用所提供的命令对创建的选区进行调整，从而得到一个崭新的选区。常见的操作有"边界"、"平滑"、"扩展"、"收缩"、"羽化"、"扩大选取"和"选取相似"等。每种选区命令都有其不同的设置方法和作用。

3.4.1　扩大选取

"扩大选取"命令的主要作用是将色彩相近的区域都选中，应用该命令进行操作时没有对话框，直接执行"选择"→"扩大选取"命令即可。"扩大选取"命令的具体操作如下。

步骤 1 打开光盘中的素材文件3-09.jpg，选择工具箱中的魔棒工具，在图像窗口中创建一个不规则的选区，如图3-39所示。

步骤 2 执行"选择"→"扩大选取"命令，可将与当前选区内像素相连且颜色相近的像素都扩充到选区中，如图3-40所示。

图3-39　创建选区　　　　　　图3-40　扩大选取

3.4.2　选取相似

"选取相似"主要用于选择与当前选区内图像颜色相近的图像范围，具体操作如下。

步骤 1 在工具箱中选择魔棒工具，在图像中单击，得到新的选区，如图3-41所示。

步骤 2 执行"选择"→"选取相似"命令，可以将图像中与所选区域色彩范围相近的图像选取，如图3-42所示。

图3-41　创建选区　　　　　　图3-42　选区相似

3.4.3　扩展选区和收缩选区

扩展选区的作用是向四周扩展选区边框，扩展过程中可能会造成选区变形和直接将选区变换有一定差异。使用扩展选区的具体操作如下。

步骤 1 打开图像文件，选取工具箱中的椭圆选框工具，在图像窗口中拖曳鼠标创建一个椭圆选区，执行"选择"→"修改"→"扩展"命令，在打开的"扩展选区"对话框中设置"扩展量"为30像素，如图3-43所示。

步骤 2 设置完成后单击"确定"按钮，得到一个新的选区，如图3-44所示。

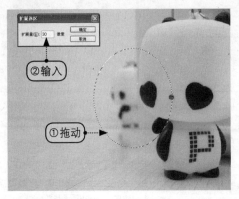

图3-43 扩展选区　　　　　　　　　　　　图3-44 扩展后的选区

收缩选区和扩展选区的操作方法相同，只是在弹出的"收缩选区"对话框中设置收缩量即可。对于"收缩量"，输入一个1～100之间的像素值，选区便按指定数量进行缩小，选区边框中沿画布边缘分布的任何部分都不受影响。

3.4.4　边界和平滑选区

"边界"命令可选择在现有选区边界的内部和外部之间的像素。当要选择图像区域周围的边界或像素带，而不是该区域本身时，此命令将很有用。使用"边界"命令的具体操作如下。

步骤 1 打开图像素材文件，选取工具箱中的矩形选框工具，在图像窗口中拖曳鼠标创建一个矩形选区，执行"选择"→"修改"→"边界"命令，在打开的"边界选区"对话框中设置"宽度"为20像素，如图3-45所示。

步骤 2 设置完成后单击"确定"按钮，得到一个新的选区，如图3-46所示。

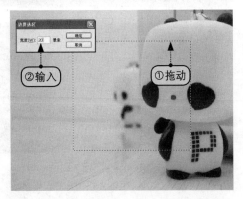

图3-45 执行"边界"命令　　　　　　　　图3-46 执行命令得到的选区

平滑选区是将有锯齿的图形转换为平滑的选区，通常应用在利用魔棒工具或者套索工具所创建的选区。使用"平滑选区"命令可以得到平滑后的新选区。

3.4.5　羽化选区

通过对选区进行羽化处理，可以柔和选区边缘。"羽化半径"的数值设置得越高，边缘越模糊。在对选区进行模糊的同时，会丢失部分细节。下面以制作虚化图像边缘为例，介绍羽化选区的具体操作方法。

步骤 1 打开图像素材文件，选取工具箱中的矩形选框工具，创建一个矩形选区，执行"选择"→"修改"→"羽化"命令，弹出"羽化选区"对话框，设置"羽化半径"值为50像素，如图3-47所示。

步骤 2 单击"确定"按钮，对选区进行羽化操作，此时的选区效果如图3-48所示。

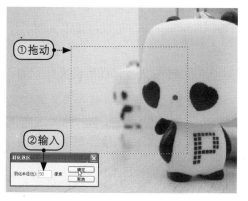
图3-47 执行"羽化"命令

图3-48 得到新选区

3.5 存储和载入选区

使用Photoshop CS5处理图像时，可以将创建的选区进行保存，以便以后使用，需要时还可以载入之前存储的选区以方便操作。

3.5.1 存储选区

建立的选区被取消后，就不能再使用了。为了在以后的编辑中能重复使用该选区，就需要对选区进行存储。存储选区的操作方法如下。

步骤 1 使用选框工具或相应的菜单命令在图像窗口中创建选区，执行"选择"→"存储选区"命令，弹出"存储选区"对话框，如图3-49所示。

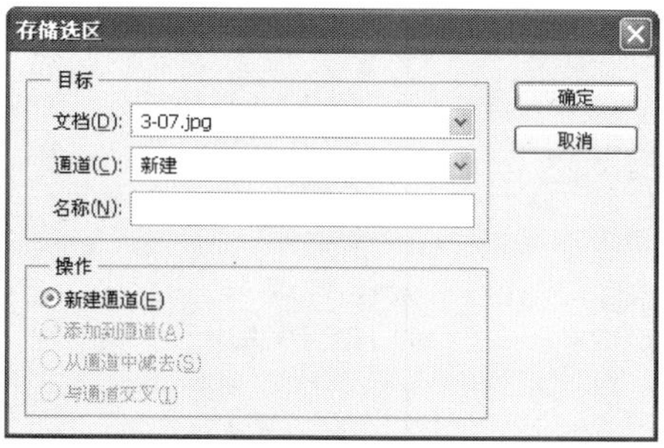

图3-49 "存储选区"对话框

该对话框中主要选项的含义分别如下。

→ **文档：**用于设置存储选区的文档。

→ **通道：**用于设置存储选区的目标通道。

→ **名称：**用于设置新建Alpha通道的名称。

→ **操作：**用于设置存储的选区与原通道中选区的运算方式。

步骤 2 在"存储选区"对话框中，根据需要设置好相应的选项后，单击"确定"按钮即可存储当前选区。

3.5.2 载入选区

当选区被存储后，可使用"载入选区"命令将已存储的选区载入到指定的文件中。载入选区的操作方法如下。

方法一 执行"选择"→"载入选区"命令。

方法二 选取工具箱中的选框工具，在图像窗口中单击鼠标右键，在弹出的快捷菜单中选择"载入选区"命令。

执行以上操作，都将弹出"载入选区"对话框，如图3-50所示。

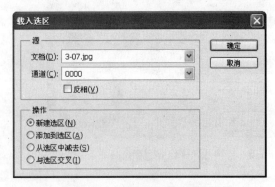

图3-50 "载入选区"对话框

该对话框中主要选项的含义分别如下。

➜ **文档：**用于选择载入选区的文档。

➜ **通道：**用于选择载入选区的通道。

➜ **反相：**选中该复选框，可将通道中载入的选区反向。

➜ **操作：**用于选择载入的选区与图像中当前选区的运算方式。如果在载入选区之前当前图像中没有任何选区，则仅有"新建选区"选项有效。

技能实训 绘制卡通兔子头像

本例将学习如何用选区绘制卡通头像。如果想绘制出活灵活现的效果，必须掌握图像的选区创建、填充和羽化等命令。

效果展示

本例要完成的效果如图3-51所示。

图3-51 卡通兔子头像

本例主要讲解绘制兔子卡通头像，首先使用椭圆选框工具创建选区，然后设置颜色，用
"羽化"命令羽化选区，最后填充选区，完成卡通头像的绘制。

制作步骤

光盘同步文件	
原始文件：	无
结果文件：	光盘\结果文件\第3章\绘制卡通兔子头像.psd
同步视频文件：	光盘\同步教学文件\03 绘制卡通兔子头像.avi

步骤❶ 打开Photoshop CS5，在菜单栏中执行"文件"→"新建"命令，在弹出的"新建"对话框中设置参数，如图3-52所示。

步骤❷ 单击工具箱中的椭圆选框工具，将鼠标指针移动到工作区，拖动鼠标绘制一个圆形选区，将其作为兔子的脸部，如图3-53所示。

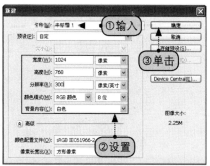

图3-52　设置"新建"对话框

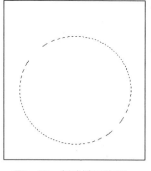
图3-53　创建椭圆选区

步骤❸ 单击"图层"面板右下角的"创建新图层"按钮，新建图层，双击图层名字，把图层重命名为"头部"如图3-54所示。

步骤❹ 选择"头部"图层，单击"前景色"图标，打开"拾色器"对话框，将颜色设置为粉色（R:250、G:220、B:230），再按【Alt+Delete】快捷键填充颜色，如图3-55所示。

图3-54　新建图层

图3-55　填充选区

步骤 5 在"头部"图层继续创建一个椭圆选区，作为兔子的耳朵，按步骤4的填充方法填充选区，如图3-56所示。

步骤 6 按住【Ctrl+Alt】键拖曳鼠标，移动椭圆选区至右侧，使右边也有一个耳朵，并与左边的耳朵对齐，如图3-57所示。

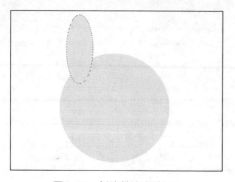
图3-56　创建并填充选区

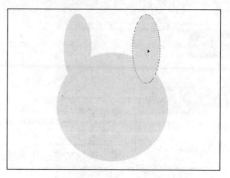
图3-57　复制移动椭圆选区

步骤 7 按步骤3的方法新建图层，并把图层命名为"眼睛"，运用椭圆选框工具并按住【Shift】键在眼睛的部位绘制一个正圆，为选区填充黑色，并复制一个到右边对齐，如图3-58所示。

步骤 8 按步骤3的方法新建图层，并把图层命名为"嘴巴"，在图层上创建一个椭圆选区，作为兔子的嘴巴，并填充黑色，如图3-59所示。

图3-58　绘制兔子眼睛

图3-59　绘制兔子嘴巴

步骤 9 按住【Ctrl】键不放，将鼠标移至"头部"图层前的缩览图上，当鼠标呈现形状时单击全选整个填充图层，如图3-60所示。

（a）单击图层

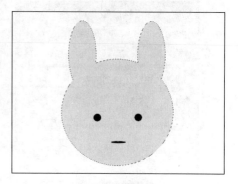
（b）创建选区

图3-60　全选图层

步骤⑩ 执行"选择"→"修改"→"收缩"命令,在弹出的"收缩选区"对话框中,在"收缩量"文本框中输入5,单击"确定"按钮,如图3-61所示。

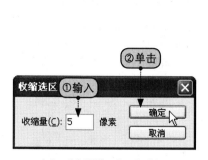

（a）"收缩选区"对话框

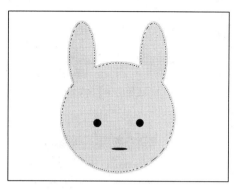

（b）得到选区

图3-61 收缩选区

步骤⑪ 按照步骤3的方法新建图层"羽化面部",把图层放在"头部"图层上,执行"选择"→"修改"→"羽化"命令,在弹出的"羽化选区"对话框中,在"羽化半径"文本框中输入10,单击"确定"按钮。单击工具箱中的"前景色"按钮,把颜色设置为R:250、G:235、B:240,按【Alt+Delete】快捷键填充颜色,如图3-62所示。

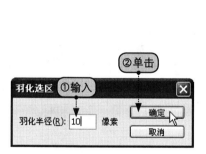

（a）"羽化选区"对话框

（b）填充选区

图3-62 羽化选区

步骤⑫ 用和步骤11相同的方法绘制眼睛的高光,如图3-63所示。

图3-63 绘制眼睛高光

提示：由于眼睛部分比较小，像素较低，羽化的时候可以把羽化半径设置为5。

步骤 13 创建新图层"耳朵内"，在兔子左边耳朵位置创建椭圆选区。执行"选择"→"修改"→"羽化"命令，在弹出的"羽化选区"对话框中，在"羽化半径"文本框中输入10，单击"确定"按钮。单击工具箱中的"前景色"按钮，把颜色设置为R:250、G:190、B:240，按【Alt+Delete】快捷键填充颜色，然后复制已填充的选区至右边的耳朵，如图3-64所示。

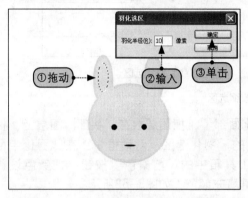

(a) 羽化选区　　　　　　　　　　(b) 填充选区

图3-64　羽化耳朵部分

步骤 14 用和步骤13相同的方法绘制兔子的腮红，如图3-65所示。

步骤 15 按照步骤3的方法新建图层"草莓发夹"。选择工具箱中的"多边形套索工具"，在图层"草莓发夹"上绘制一个草莓形状的选区，如图3-66所示。

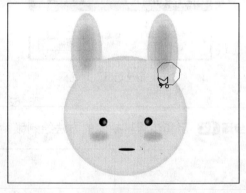

图3-65　绘制腮红　　　　　　　图3-66　绘制选区

步骤 16 执行"选择"→"修改"→"平滑"命令，在弹出的"平滑选区"对话框内的文本框中输入10，单击"确定"按钮。平滑选区后，单击工具箱中的"前景色"按钮，把颜色设置为R:250、G:130、B:220，按【Alt+Delete】快捷键填充颜色，如图3-67所示。

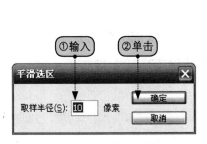

(a)"平滑选区"对话框   (b) 填充选区

图3-67 绘制发夹

步骤17 用和步骤15相同的方法，绘制草莓发夹的叶子，然后单击工具箱中的"前景色"按钮，把颜色设置为R:15、G:190、B:5，按【Alt+Delete】快捷键填充颜色，如图3-68所示。

步骤18 用椭圆选框工具在草莓上创建正圆选区，然后单击工具箱中的"前景色"按钮，把颜色设置为白色，按【Alt+Delete】快捷键填充。复制4个白色正圆，均匀地放在草莓红色部分，最后取消选区，如图3-69所示。

图3-68 绘制草莓叶子   图3-69 绘制草莓斑点

至此，本例绘制完成。利用选区绘制卡通头像其实很简单，只要掌握好选区的应用方法即可。

课堂问答

通过本章的讲解，读者对选区的应用和创建有了一定的了解，下面列出一些常见的问题供学习参考。

问题1：在运用矩形选框工具创建选区时，如何创建正方形选区？

答：按住【Shift】键的同时单击并拖曳鼠标，就可创建正方形选区。

问题2：使用多边形套索工具时，如何删除路径？

答：按【Delete】键可删除最近创建的路径；若连续按多次【Delete】键，则可以删除当前所有的路径；按【Esc】键可取消当前的选取操作。

问题3：使用磁性套索工具时，若选取时偏离了对象的轮廓，该怎么办呢？

答：可按【Esc】键取消当前的全部选取操作；或按【Delete】键删除一个节点，然后继续选取操作。

知识能力测试

本章讲解了选区的操作。为对知识进行巩固和测试，布置相应的练习题。

笔试题

一、填空题

(1) 执行"选择"→"全部"命令或按_____快捷键可以选择整个画布。

(2) 按【Ctrl+D】快捷键可实现_____操作。

(3) 要反向选区，除了执行"选择"→"反向"命令外，还可按_____快捷键来完成。

二、选择题

(1) 下列（　　　）不属于规则选框工具。

　　A. 矩形选框工具　　　　　　B. 椭圆选框工具
　　C. 多边形套索工具　　　　　D. 单行选框工具

(2) 下面（　　　）选区修改命令可以产生双选区。

　　A. 边界　　　　　　　　　　B. 扩展
　　C. 收缩　　　　　　　　　　D. 平滑

(3) 使用矩形选框工具创建选区时，按（　　　）快捷键可以约束选区为正方形。

　　A.【Shift】　　　　　　　　B.【Ctrl】
　　C.【Alt】　　　　　　　　　D.【Backspace】

上机题

(1) 打开光盘中的素材文件3-10.jpg，选择工具箱中的磁性套索工具，在图像中拖动鼠标创建选区，如图3-70所示。

(a) 原图　　　　　　　　　　　　　　　(b) 创建选区

图3-70　使用磁性套索工具创建选区

（2）打开光盘中的素材文件3-11.jpg，使用魔棒工具在桌子区域创建选区，建立选区后，对选区进行变换操作，如图3-71所示。

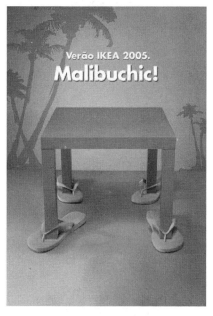 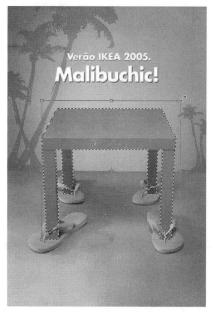

(a) 原图　　　　　　　　　　　　　　　(b) 变换选区

图3-71　创建与变换选区

第4章 图像的绘制及修饰

Photoshop CS5中文版标准教程（超值案例教学版）

重点知识

- 绘制图像工具的使用
- 填充图像工具的使用
- 修饰图像工具的使用

难点知识

- 修饰图像工具的使用
- 编辑图像工具的使用

本章导读

Photoshop CS5具有强大的图像修复与修饰功能。本章将讲解图像绘制与修饰的方法，介绍绘制图像需要了解的画笔工具、填充工具，修饰图像所要了解的仿制图章工具、修补工具等知识点。

4.1 绘制图像

用绘制图像工具可以绘制任意图像，并能表现出很多特殊效果，这些工具包括画笔工具、铅笔工具和颜色替换工具。下面分别详细介绍用于绘制图像的工具。

4.1.1 画笔工具

画笔工具与生活中经常使用的毛笔功能相似，其应用范围非常广泛，是学习其他图像绘画类工具的基础。在选项栏中可以设置画笔直径、画笔模式、画笔流量等参数，设置出各种尺寸和效果的画笔工具。单击工具箱中的画笔工具，选项栏中的常用参数属性如图4-1所示。

图4-1 画笔工具选项栏

① 画笔预设选取器：单击〝画笔预设〞按钮，在弹出的下拉菜单中可以根据画笔的大小、硬度和样式的参数进行设置。画笔直径是对画笔大小的设置；画笔硬度用于控制画笔在绘画中的柔软程度，数值越大画笔越清晰；画笔样式是对画笔形状的设置。

② 画笔面板的切换：单击〝画笔面板的切换〞按钮，可以打开〝画笔〞面板。画笔的设置除了可以在选项栏上进行设置外，还可以通过〝画笔〞面板进行更丰富的设置。

③ 画笔模式的设置：选择不同的画笔模式，可以创作出不同的绘画效果。画笔模式需要先设置好再进行绘画，才会显示效果。

④ 画笔不透明度和流量的设置：画笔工具的不透明度用于设置画笔工具在画面中绘制出透明的效果，〝流量〞用于设置绘制图像颜料溢出的多少，设置的数值越大，绘制的图像效果越明显。

1. 设置画笔大小和颜色

要设置画笔的大小，可以在〝画笔预设〞面板的〝大小〞数值框中输入需要的直径大小，单位是像素，即可设置画笔大小也可直接拖动〝大小〞下面的滑块来设置画笔大小。画笔的颜色是由前景色决定的，所以在使用画笔时，应先设置好需要的前景色。

可单击其选项栏中的·按钮，打开〝画笔预设〞面板，如图4-2所示。

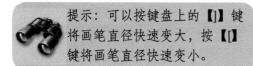

提示：可以按键盘上的【]】键将画笔直径快速变大，按【[】键将画笔直径快速变小。

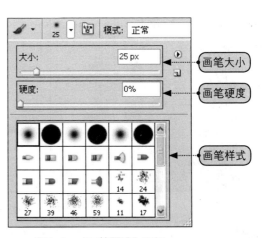

图4-2 〝画笔预设〞面板

2. 设置画笔的硬度

　　画笔的硬度用于控制画笔在绘画中的柔软程度。其设置方法和画笔大小一样，只是单位是百分比。当画笔的硬度小于100%时，则表示画笔有不同程度的柔软效果，当画笔的硬度为100%时，则画笔绘制出的效果边缘就非常清晰，如图4-3所示。

图4-3　画笔硬度大小对比

3. 设置画笔的样式

　　画笔的默认样式为正圆形，在"画笔预设"面板最下面的画笔列表框中单击所需的画笔样式，即可将其设置为选择的画笔样式。在画笔样式列表框中，如果样式不够用，还可以通过以下步骤添加需要的画笔样式。

　　步骤❶ 单击其选项栏中的▾按钮，打开"画笔预设"面板，单击"画笔预设"面板右上角的▸按钮，在弹出的菜单中选择需要添加的画笔样式，比如"特殊效果画笔"。

　　步骤❷ 在弹出的对话框中，单击"追加"按钮，如图4-4所示。

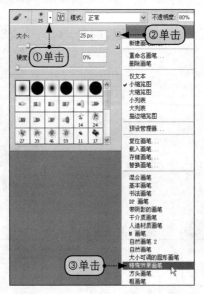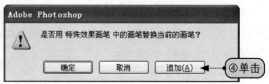

图4-4　添加画笔样式

　　步骤❸ 添加画笔样式后的画笔列表框如图4-5所示。

　　步骤❹ 选择"蝴蝶"画笔样式，在图上单击鼠标左键，绘制出蝴蝶，如图4-6所示。

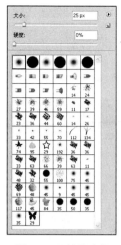

图4-5　画笔列表框

图4-6　用"蝴蝶"画笔绘制图案

4. 使用"画笔"面板

画笔除了可以在选项栏中进行设置外，还可以通过"画笔"面板进行更丰富的设置。执行"窗口"→"画笔"菜单命令，或者按【F5】键，就可以调出"画笔"面板，如图4-7和图4-8所示。

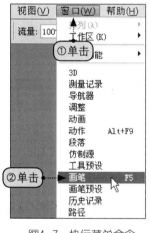

图4-7　执行菜单命令

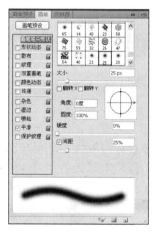

图4-8　"画笔"面板

在"画笔"面板中，有许多与之相关的设置选项，其主要设置选项的含义如下。

➡ **形状动态**：用于设置画笔图案变动的方式以及相关的控制选项。

➡ **散布**：用于设置画笔中图案的散布情况，并设置中间间隔图案的数量。

➡ **纹理**：用于为画笔添加不规则的图案，并设置图案之间凸显的程度。

➡ **双重画笔**：使用两个笔尖创建画笔的笔迹。在"画笔"面板的"画笔笔尖形状"部分可以设置主要笔尖的选项。在"画笔"面板的"双重画笔"部分可以设置次要笔尖的选项。

➡ **颜色动态**：动态颜色决定描边路线中油彩颜色的变化方式。

提示：选择项目时一定要单击项目名称，而不要只勾选复选框。

5. 设置画笔的间距

画笔间距指的是单个画笔元素之间的距离，其单位为百分比。百分比越大，则表示单个画笔元素之间的距离越远。

选择"蝴蝶"画笔样式，在"画笔"面板中设置画笔间距，效果如图4-9所示。

(a) 间距为40%　　　　　　　　　　　(b) 间距为100%

图4-9　不同画笔间距的不同展现

4.1.2　铅笔工具

铅笔工具 ✐ 主要用于模拟平时画画所用的铅笔。该工具画出的线条是硬的、有棱角的，其操作与设置方法与画笔工具几乎相同。铅笔工具选项栏与画笔工具选项栏也基本相同，只是多了个"自动抹除"设置项。"自动抹除"项是铅笔工具特有的功能。勾选该复选框后，当图像的颜色与前景色相同时，则铅笔工具会自动抹除前景色而填入背景色；当图像的颜色与背景色相同时，则铅笔工具会自动抹除背景色而填入前景色。在工具箱中选择铅笔工具后，其选项栏如图4-10所示。

图4-10　铅笔工具的选项栏

4.1.3　颜色替换工具

颜色替换工具 ✐ 是用设置好的前景色来替换图像中的颜色，它在不同的颜色模式下所产生的最终颜色也不同。

1. 颜色替换工具的选项栏

单击工具箱中的"颜色替换工具"按钮后，可以在其选项栏中查看与该工具相关的设置选项，如图4-11所示。

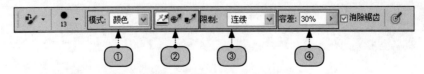

图4-11　颜色替换工具的选项栏

颜色替换工具选项栏中的各参数功能如下。

①模式：包括"色相"、"饱和度"、"颜色"、"亮度"这4种模式。常用的模式为"颜色"模式，这也是默认模式。

②取样方式：取样方式包括"连续" ，"一次" ，"背景色板" 。其中"连续"是以鼠标当前位置的颜色为基准色；"一次"是始终以开始涂抹时的颜色为基准色；"背景色板"是以背景色为基准色。

③限制：设置替换颜色的方式，以工具涂抹时第一次接触的颜色为基准色。"限制"有3个选项，分别为"连续"、"不连续"和"查找边缘"。其中"连续"是以涂抹过程中鼠标当前所在位置的颜色作为基准色来选择替换颜色的范围；"不连续"是指凡是鼠标移动到的地方都会被替换颜色；"查找边缘"主要是将色彩区域之间的边缘部分替换颜色。

④容差：用于设置颜色替换的容差范围。数值越大，则替换的颜色范围也越大。

2. 颜色替换工具的应用

使用颜色替换工具可以替换图像中的颜色，其具体操作步骤如下。

步骤1 打开光盘中的素材文件4-01.jpg，选择工具箱中的颜色替换工具，并将选项栏中的"模式"设置为"颜色"，设置"容差"值为30%，如图4-12所示。

步骤2 在工具箱中单击"背景色"按钮，打开"拾色器（背景色）"对话框，然后将指针指向图像区域，此时指针变成吸管样式，单击选择图像中要替换的颜色，单击"确定"按钮，如图4-13所示。

图4-12 选择颜色替换工具

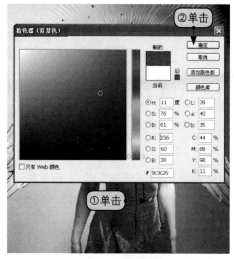

图4-13 吸取需要替换的颜色

步骤3 单击"前景色"按钮打开"拾色器"对话框，设置颜色参数为R:255、G:5、B:200，如图4-14所示。

步骤4 经过以上操作后，设置好颜色替换工具的画笔大小，再将指针指向图像窗口中，拖动涂抹即可完成颜色的替换，如图4-15所示。

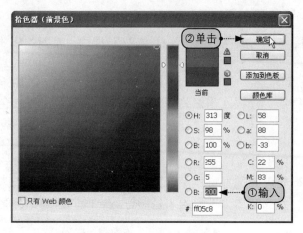

图4-14　设置颜色参数

图4-15　替换颜色

4.2　填充图像

填充工具的主要作用是为图像填充颜色或者图案。工具主要有两种：渐变工具和油漆桶工具。两种工具都是对图像选取区域或整个图案窗口进行颜色或图案的填充，但是填充方式不同。下面对这两种填充工具的使用方法进行介绍。

4.2.1　油漆桶工具

油漆桶工具可以根据图像的颜色容差填充颜色或图案，是一种非常方便、快捷的填充工具。单击油漆桶工具后，选项栏常用的参数设置如图4-16所示。

图4-16　油漆桶工具的选项栏

①填充内容：使用前景色或图案进行填充。

②图案拾色器：当填充内容是图案时可用，可选择填充图案的不同样式。

③模式：用于设置填充区域的颜色混合模式，其中包含多种混合模式。

④不透明度：用于设置颜色或图案的透明度，数值越大，透明度越低。

⑤容差：设置与单击处颜色的相近程度，容差越大，填充的范围越大。

⑥消除锯齿：选中"消除锯齿"复选框时，填充区域的边缘会更光滑。

⑦连续的：勾选此复选框时，只填充当前鼠标单击点附近颜色相近的区域。取消此复选框，填充整个图像中的相似颜色区域。

使用油漆桶工具给图像填充颜色或图案的操作步骤如下。

步骤 **1** 打开光盘中的素材文件4-02.jpg，用选择工具选择图像中需要填充的区域，如图4-17所示。

步骤 2 在工具箱中选择油漆桶工具，在其选项栏中选择填充的内容，如"图案"，并选择具体的填充图案，然后设置好其他参数，如图4-18所示。

图4-17 选择区域

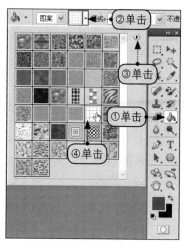

图4-18 选择图案

步骤 3 选择好后，将指针指向要填充的区域，单击鼠标即可填充，如图4-19所示。

步骤 4 填充好之后取消选区，效果如图4-20所示。

图4-19 进行填充

图4-20 填充图案后的效果

4.2.2 渐变工具

渐变工具 ■是一种特殊的填充工具，通过它可以填充几种渐变色组成的颜色。下面对渐变工具进行具体介绍。

1.认识渐变工具

使用渐变工具可以用渐变效果填充图像或者选择区域。首先选择好渐变方式和渐变色彩，然后在图像中先单击定义渐变起点，然后拖动鼠标左键控制渐变效果，再次单击鼠标左键定义渐变终点，完成目标区域的渐变填充。单击工具箱中的渐变工具，选项栏中常用的参数设置如图4-21所示。

图4-21 渐变工具的选项栏

① 色彩编辑：选择和编辑渐变的色彩。单击色彩渐变条会弹出＂渐变编辑器＂对话框。在渐变编辑器中可以设置不同的渐变色彩。

② 渐变方式：有以下几种渐变方式。

➡ **线性渐变：** 从起点到终点做线性渐变。

➡ **径向渐变：** 从起点到终点做放射状渐变。

➡ **角度渐变：** 从起点到终点做逆时针角度渐变。

➡ **对称渐变：** 从起点到终点做对称直线渐变。

➡ **菱形渐变：** 从起点到终点做菱形渐变。

③ 模式：进行渐变填充时的色彩混合方式。

④ 不透明度：设置渐变填充的透明程度，数值越大，渐变填充的透明度越低。

⑤ 反向：勾选＂反向＂复选框，渐变色的渐变方向会改变。

⑥ 仿色：勾选＂仿色＂复选框，渐变效果会更加平滑。

⑦ 透明区域：勾选＂透明区域＂复选框，可以保持渐变设定中的透明度设置。

用渐变工具填充选择区域的具体操作步骤如下。

步骤❶ 打开光盘中的素材文件4-03.jpg，用选择工具选择图像中需要填充渐变颜色的区域（如果不选择，则表示对整个图像窗口进行填充），例如，使用魔棒工具单击图像窗口中的白色区域，如图4-22所示。

步骤❷ 选择工具箱中的渐变工具，在其选项栏中单击▇▇▇右侧的下三角按钮，再单击其下拉列表框右侧的▶按钮，在弹出的快捷菜单中单击＂蜡笔＂样式，如图4-23所示。

图4-22　单击空白区域

图4-23　选择渐变样式

步骤❸ 弹出确认对话框，单击＂追加＂按钮即可将渐变样式添加到下拉列表框中。选择渐变颜色为＂黄色、粉红、紫色＂，渐变方式为＂线性渐变＂，如图4-24所示。

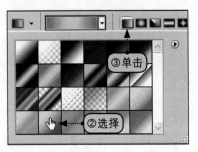

图4-24　选择渐变模式

步骤 4 将指针指向图像窗口中，在左上角按住鼠标左键拖动到右下角，如图4-25所示。

步骤 5 释放鼠标左键，即可为选择区域填充相应的渐变颜色，填充效果如图4-26所示。

图4-25 拖动鼠标

图4-26 填充渐变颜色后的效果

提示：选择渐变工具后，在图像窗口中按住鼠标左键不放进行绘制，则起始点到结束点之间会显示出一条提示直线，鼠标拖拉的方向决定填充后颜色倾斜的方向。另外，提示线的长短会直接影响渐变色的最终效果。

2. 渐变编辑器

要对渐变颜色进行编辑，就需要打开"渐变编辑器"对话框。

（1）载入渐变颜色

在该对话框中可以载入设置的渐变颜色。单击"预设"栏右边的 按钮，弹出快捷菜单，选择所需的渐变类型名称，即可将预设颜色载入，如图4-27、图4-28和图4-29所示。

图4-27 渐变编辑器

图4-28 弹出的对话框

图4-29 添加后的渐变编辑器

（2）自定义渐变颜色

除了可以在"渐变编辑器"对话框中载入预设的渐变颜色外，还可以自定义渐变的颜色。具体方法为：在该对话框中渐变颜色条下面的空白位置处单击鼠标左键添加一个色标，然后在色标栏中单击"颜色"按钮，弹出"拾色器"对话框，在其中设置渐变颜色即可。用户还可以在渐变颜色条上添加渐变颜色的不透明度，如图4-30～图4-32所示。

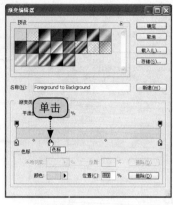

图4-30　添加色标

图4-31　改变颜色

图4-32　设置不透明度

4.3　修饰图像

使用修饰工具可以对数码照片进行后期处理，以弥补在拍摄时因技术或其他原因导致的效果缺陷。修饰工具辅助画笔工具可以对数码照片或绘制的图像进行相应的修补，从而获得更好的画面效果。

4.3.1　污点修复画笔工具

污点修复画笔工具可以迅速修复图像存在的瑕疵或污点。使用污点修复画笔工具修复图像时不需要取样，直接对图像进行修复即可。选择污点修复画笔工具，其选项栏中常用的参数如图4-33所示。

图4-33　污点修复画笔工具的选项栏

①　画笔：设置修复画笔的直径、硬度和间距。注意，所选画笔最好比需要修复的区域稍大一些。

②　模式：设置修复画笔与修复区域的混合模式。

③　类型：常见的修复类型有3种，分别为"近似匹配"、"创建纹理"和"内容识别"。"近似匹配"的作用为将所涂抹的区域以周围的像素进行覆盖，"创建纹理"的作用为以其他的纹理进行覆盖，"内容识别"是由软件自动分析周围图像的特点，将图像进行拼接组合后填充在该区域并进行融合，从而得到快速无缝的拼接效果。

④　对所有图层取样：勾选该复选框，可从所有的可见图层中提取数据。取消选中该复选框，则只能从被选取的图层中提取数据。

污点修复画笔工具是入门级修复工具，进行图像修复的时候不需要进行像素取样，拖动鼠标在修复区域反复拖曳进行涂抹，直到污点消失，具体操作步骤如下。

步骤 1 打开光盘中的素材文件4-04.jpg，选择工具箱中的污点修复画笔工具，设置画笔大小为25像素，如图4-34所示。

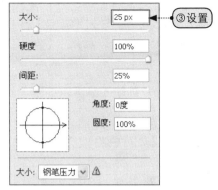

图4-34　选择和设置污点修复画笔工具

步骤 2 在污点处按住鼠标左键反复涂抹，如图4-35所示。

步骤 3 根据污点范围与深浅不同，需要涂抹的次数也不同，修复完成后的图像效果如图4-36所示。

图4-35　涂抹污点处　　　　　　　图4-36　修复完成效果

4.3.2 修复画笔工具

修复画笔工具 在修饰小部分图像时会经常用到。在使用修复画笔工具时，应先取样，然后将选取的图像填充到要修复的目标区域，使修复的区域和周围的图像相融合。用户还可以将所选择的图案应用到要修复的图像区域中。单击选择工具箱中的修复画笔工具，其选项栏中常用的参数如图4-37所示。

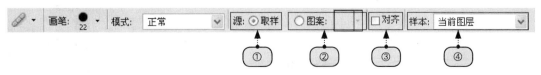

图4-37　修复画笔工具的选项栏

①源：定义像素源点，按住【Alt】键在图像上单击即可。

②图案：可在"图案"下拉列表中选择纹理图案，用纹理图案来修复图像。

③对齐：勾选此项，在修复过程中，每次重新开始涂抹，都会自动对齐图像位置进行修复，不会因中途停止而错位修复。

④样本：设置"样本"选项可以定义当前修复的目标范围，目标包括"当前图层"、"当前和下方图层"、"所有图层"3个选项。

使用修复画笔工具可以细致地对图像的细节部分进行修复，具体操作步骤如下。

步骤 1 打开光盘中的素材文件4-05.jpg，选择工具箱中的修复画笔工具，如图4-38所示。

步骤 2 按住【Alt】键单击取样的颜色，如图4-39所示。

步骤 3 指向需要修复的位置，拖动鼠标涂抹图像，如图4-40所示。修复完成后的图像如图4-41所示。

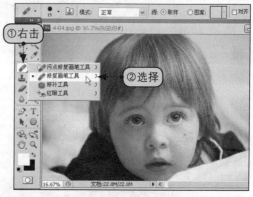

图4-38 选择修复画笔工具

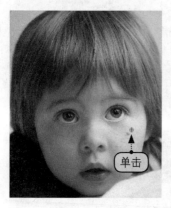

图4-39 取样

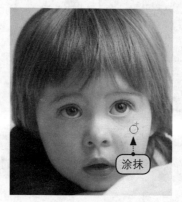

图4-40 修复污点

图4-41 修复完成后的效果

4.3.3 修补工具

"修补工具"使用选定区域像素替换修补区域像素，会将取样区域的纹理、光照和阴影与源点区域进行匹配，使替换区域与背景自然汇合。选择修补工具，其选项栏中常用的参数如图4-42所示。

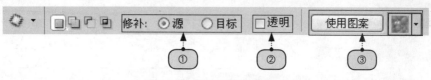

图4-42 修补工具的选项栏

①修补：用于设置修复图像的源点区域，可选择"源"和"目标"。当选择"源"选项时，用目标区域替代源点区域，当选择"目标"选项时，用源点区域替代目标区域。

②透明：勾选此复选框，可以自动匹配所修复图像的透明度。

③使用图案：单击该按钮后，可以应用图案对所选择的区域进行修复。

使用修补工具对图像进行修补的操作步骤如下。

步骤❶ 打开光盘中的素材文件4-06.jpg，单击工具箱中的修补工具，用鼠标在图像上拖动创建选区，如图4-43所示。

步骤❷ 释放鼠标，选区自动闭合，拖动鼠标指针到选区内，鼠标指针变成，如图4-44所示。

图4-43　创建选区　　　　　　　　　　　图4-44　闭合选区

步骤❸ 拖动鼠标，移动源区域到目标区域，如图4-45所示。

步骤❹ 释放鼠标后，完成图像的修复，如图4-46所示。

图4-45　移动选区　　　　　　　　　　　图4-46　修复图像完成

4.3.4　红眼工具

红眼工具可以修正由于闪光灯原因造成的人物红眼、过暗或绿色反光。选择红眼工具，其选项栏中常用的参数如图4-47所示。

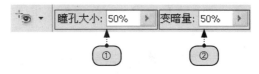

图4-47　红眼工具的选项栏

①瞳孔大小：设置红眼工具的作用范围，数值越大，作用范围越大。

②变暗量：设置瞳孔的明暗度，数值越大，瞳孔变暗的效果会越明显。

红眼工具的使用方法非常简单，具体操作步骤如下。

步骤 1 打开光盘中的素材文件4-07.jpg，选择工具箱中的红眼工具，在图像中按住鼠标左键拖出一个矩形框，选中红眼部分，如图4-48所示。

步骤 2 释放鼠标左键即可完成红眼的消除与修正，如图4-49所示。

图4-48 框选红眼　　　　　　图4-49 完成红眼的修复

4.3.5 仿制图章工具

仿制图章工具 的使用方法是：首先将图像区域中的某一点定义为取样点，然后像盖章一样将取样点区域的图像像素复制到其他区域或另一个图像窗口中，十字线标记指示的为原始取样点。仿制图章工具多用于修复、掩盖图像中呈现点状分布的瑕疵区域。

选择仿制图章工具，即可显示出相关的选项栏，如图4-50所示。仿制图章工具选项栏与画笔工具选项栏大体相同，只不过多了"对齐"和"样本"两个选项。

图4-50 仿制图章工具的选项栏

①对齐：勾选此复选框后，无论涂抹操作中断过几次，再次进行涂抹都可以使用最新的取样点，以保证复制图像的完整性。当"对齐"复选框处于取消选择状态时，两次进行涂抹时使用相同的取样点。

②样本：在"样本"下拉列表中可以选择取样的目标范围。可以分别基于"当前图层"、"当前和下方图层"、"所有图层"进行取样。

使用仿制图章工具仿制图像的具体操作步骤如下。

步骤 1 打开光盘中的素材文件4-08.jpg，选择工具箱中的仿制图章工具，设置画笔大小为100像素，并在"模式"选项中选择"正常"选项。将工具指向图像窗口中要采样的目标位置，按住【Alt】键，然后单击鼠标左键进行采样，如图4-51所示。

步骤 2 采样完毕后释放【Alt】键，将指针指向图像中要仿制的位置，单击鼠标左键进行涂抹即可仿制图像，如图4-52所示。

图4-51 取样

图4-52 完成仿制

4.3.6 图案图章工具

图案图章工具 的作用是将系统自带或者自定义的图案进行复制，并填充到图像区域中。该工具与仿制图章工具的区别是，仿制图章工具主要复制的是图像本身的效果，而图案图章工具是将自带的图案或者自定义的图案复制到图像中。

在工具箱中选择图案图章工具后，其选项栏如图4-53所示。

图4-53 图案图章工具的选项栏

①图案：单击"图案"按钮，可打开"图案拾色器"面板，在"图案拾色器"面板中可以选择不同的图案进行绘制。

②印象派效果：勾选此复选框，复制的图像将产生朦胧或写意的印象派效果。

图案图章工具的选项栏还包括画笔、模式、不透明度、流量、对齐等设置选项，这些选项与画笔工具相同，用图案图章工具绘制图像的具体操作步骤如下。

步骤 1 打开光盘中的素材文件4-09.jpg，选择工具箱中的图案图章工具，通过选项栏设置好画笔大小，并选择图案混合模式，如选择"正常"选项，然后单击"图案"按钮，在弹出的图案列表中选择"扎染"图案，并设置好其他相关参数，如图4-54所示。

步骤 2 将指针指向图像窗口中的选区内，按住鼠标左键进行拖动，即可将选择的图案填充到选区中，如图4-55所示。

图4-54 选择图案

图4-55 拖动鼠标

步骤 3 继续拖动鼠标，填充图案后的效果如图4-56所示。

 提示：在使用图案图章工具填充图案时，可以先使用选择工具选择图像中要填充图案的区域，然后进行填充，这样可以在图像中进行局部图案的填充。

图4-56 填充图案

4.4 修改图像

通过工具箱中的橡皮擦工具、背景橡皮擦工具和魔术橡皮擦工具可以对图像中的部分区域进行修改。

4.4.1 橡皮擦工具

橡皮擦工具 ✐ 主要用来擦除图像窗口中不需要的图像像素。对图像进行擦除后，擦除过的区域将会以工具箱中的背景色进行填充。在工具箱中选择橡皮擦工具，其选项栏如图4-57所示。

图4-57 橡皮擦工具的选项栏

① 模式：擦除图像时，可以设置为"画笔"、"铅笔"和"块"3种模式。
② 抹除历史记录：勾选此复选框时，橡皮擦工具同时集成历史记录画笔工具的功能。

橡皮擦工具的使用方法为，先选择该工具，在其选项栏中设置橡皮擦的大小，并设置好相关参数，然后将鼠标移向图像窗口中，按住鼠标左键进行拖动擦除即可，擦除前后效果如图4-58和图4-59所示。

图4-58　选择橡皮擦工具　　　　　　　　　　图4-59　擦除图像

> 提示：使用橡皮擦工具时，当作用于背景图层时，被擦除区域以背景色填充；当作用于普通图层时，则被擦除区域显示为透明。

4.4.2　背景橡皮擦工具

背景橡皮擦工具主要用于擦除图像的背景区域，被擦除的图像以透明效果进行显示。单击工具箱中的背景橡皮擦工具按钮，其选项栏如图4-60所示。

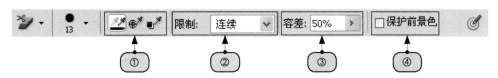

图4-60　背景橡皮擦工具的选项栏

①取样：取样有"连续"、"一次"、"背景色板"3个按钮。单击"连续"按钮时，背景橡皮擦工具和橡皮擦工具功能相似；单击"一次"按钮时，单击颜色后按住鼠标拖动只能擦掉与单击点类似的颜色；单击"背景色板"按钮时，只擦除与当前背景色相似的颜色。

②限制：其下拉列表中有"连续"、"不连续"、"查找边缘"3种方式。

③容差：擦除颜色时允许的范围。数值越低，则擦除的范围越接近取样色。大的容差值会把其他颜色擦成半透明。

④保护前景色：勾选该复选框后，前景色不会被擦除。

背景橡皮擦工具的使用方法为：先选择该工具，在其选项栏中设置橡皮擦的大小，并设置好相关参数，然后将指针指向图像窗口中，按住鼠标左键进行拖动，图像被擦除的区域将变成透明，如图4-61和图4-62所示。

图4-61　拖动鼠标

图4-62　擦除背景

4.4.3　魔术橡皮擦工具

魔术橡皮擦工具 ![] 的作用和魔棒工具极为相似，可以自动擦除当前图层中与选区颜色相近的像素。该工具的使用方法是：直接在要擦除的区域上单击，即可进行擦除。在工具箱中选择魔术橡皮擦工具，其选项栏如图4-63所示。

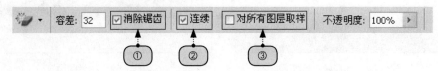

图4-63　魔术橡皮擦工具的选项栏

①消除锯齿：前面已经介绍过，勾选"消除锯齿"复选框，可以使擦除区域边缘平滑。

②连续：勾选此复选框时，只擦除与单击点颜色相似的相邻像素；不勾选此复选框时，擦除操作在整个图像中进行。

③对所有图层取样：勾选此复选框时，取样点的像素包括所有图层，不勾选此复选框时，取样只针对当前图层的像素进行操作。

选择魔术橡皮擦工具，将参数设为默认值，在背景处单击鼠标左键，背景色被擦除，对比效果如图4-64和图4-65所示。

图4-64　原图

图4-65　擦除后

4.5　编辑图像像素

使用工具箱中的模糊工具组和减淡工具组中的工具可以对图像中的像素进行编辑，以更改其效果。

4.5.1 模糊工具

模糊工具 可以对图像的全部或局部进行模糊，降低像素之间的对比度，使图像变得柔和。选择模糊工具，其选项栏如图4-66所示。

图4-66 模糊工具的选项栏

① 画笔：用于设置模糊工具的直径大小。
② 模式：用于设置图像模糊的方式，如"变亮"、"变暗"等。
③ 强度：用于设置模糊强度，硬度越大，则模糊效果越明显。

选择模糊工具，将参数设为默认值，在图像背景处反复涂抹，处理图像的前后效果如图4-67和图4-68所示。

图4-67 原图   图4-68 模糊后的图像

4.5.2 锐化工具

锐化工具用于调整图像的清晰度，将画面中模糊的部分变得清晰，可以对图像的局部进行精细锐化，锐化工具和模糊工具的作用刚刚相反。使用锐化工具在图像中需要锐化的区域拖动鼠标，即可完成锐化操作。

使用锐化工具处理图像的前后效果如图4-69和图4-70所示。

图4-69 原图   图4-70 锐化叶子后的效果

4.5.3 涂抹工具

涂抹工具 可以将颜色抹开，好像是一幅图像的颜料未干而用手指进行涂抹，使颜色走位的效果。一般在图像颜色与颜色之间衔接不好时可以使用这个工具。选择涂抹工具，其选项栏如图4-71所示。

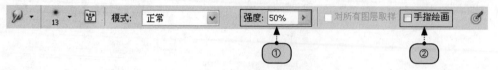

图4-71 涂抹工具的选项栏

① 强度："强度"选项用于控制工具的作用范围。取值越大，涂抹效果越明显，取值越小，涂抹效果越不明显。

② 手指绘画：勾选该复选框，前景色会混合到涂抹出的效果中，"强度"取值越大，前景色所占的比例越大；反之，涂抹的是光标移动处的颜色。

选择涂抹工具，将参数设为默认值，在图像颜色之间的衔接处进行涂抹，处理图像的前后效果如图4-72和图4-73所示。

图4-72 原图　　　　　　图4-73 涂抹后的效果

4.5.4 减淡工具和加深工具

减淡工具和加深工具主要用于使图像区域变亮或变暗。

在工具箱中选择减淡工具后，其选项栏如图4-74所示。

图4-74 减淡工具的选项栏

①范围：定义减淡工具的作用范围，包括"阴影"、"中间调"、"高光"3个选项。选择"阴影"选项时，作用的范围是图像暗部区域像素；选择"中间调"选项时，作用的范围是图像的中间调范围像素；选择"高光"选项时，作用的范围是图像亮部区域像素。

②曝光度：用于设置提高颜色的亮度，取值越大，作用区域像素的亮度越高；取值越小，作用区域像素的亮度越低。

③保护色调：勾选此复选框时，图像的整体色调不会发生改变。

加深工具与减淡工具相反，主要用于对图像进行变暗，以达到图像颜色加深的目的，可以在选项栏中选择画笔的大小并设置加深的范围。

使用减淡工具和加深工具处理图像的前后效果如图4-75所示。

(a) 原图　　　　　　　　(b) 减淡后的图像　　　　　　　(c) 加深后的图像

图4-75　运用减淡工具和加深工具处理图像

4.5.5　海绵工具

海绵工具可以调整图像整体或局部的颜色饱和度。在选项栏中可以设置"模式"、"流量"等参数来进行饱和度调整。选择"海绵工具"，其选项栏如图4-76所示。

图4-76　海绵工具的选项栏

①模式：包括"降低饱和度"与"饱和"两个选项，选择"降低饱和度"选项时，可降低目标区域的饱和度，选择"饱和"选项时，可增强目标区域的饱和度。

②流量：用于设置海绵工具的作用强度。取值越大，效果越明显，取值越小，效果越不明显。

③自然饱和度：勾选此复选框，海绵工具在进行饱和度调整时，颜色会更自然。

使用海绵工具处理图像的前后效果如图4-77所示。

(a) 原图　　　　　　　　　(b) 降低饱和度效果　　　　　　　(c) 饱和效果

图4-77　使用海绵工具处理图像

4.6　历史记录画笔工具组

历史记录画笔工具组包括历史记录画笔和历史记录艺术画笔两种工具，可以精确恢复画笔类工具绘画的历史步骤。历史记录艺术画笔工具可以创建绘画的艺术效果。

4.6.1　历史记录画笔工具

历史记录画笔工具 ✍ 的主要作用是使图像恢复到最近保存或打开的原来面貌。如果对打开的图像进行编辑操作后没有保存，则使用该工具可以恢复到该图打开时的面貌；如果对图像保存后再继续操作，则使用该工具可恢复到保存后的面貌。

使用历史记录画笔工具恢复图像的操作方法如下。

步骤 1 打开光盘中的素材文件4-10.jpg，使用相关绘图工具，如图案图章工具在图像上进行编辑与修改，如图4-78所示。

步骤 2 选择工具箱中的历史记录画笔工具，通过选项栏设置好画笔大小，并选择混合模式，如选择"正常"选项，然后在图像上逐步进行涂抹，图像就逐步恢复到编辑前的样子，如图4-79所示。

图4-78　用图案图章工具编辑

图4-79　用历史记录画笔工具恢复

4.6.2　历史记录艺术画笔工具

历史记录艺术画笔工具 ✍ 的使用方法与历史记录画笔工具一样，唯一不同的是历史记录艺术画笔工具在对图像涂抹后，形成一种特殊的艺术笔触效果。选择工具箱中的历史记录艺术画笔工具后，显示出该工具的选项栏，如图4-80所示。

图4-80　历史记录艺术画笔工具的选项栏

①样式：设置绘制图像时画笔的艺术效果。

②区域：设置绘画描边所覆盖的区域。数值越大，覆盖的区域越大，描边的数量也越多；数值越小，覆盖的区域越小，描边的数量也越少。

③容差：限定可以应用绘画描边的区域。数值较小时，可在图像的任何地方绘制多条描边；数值较大时，将绘画描边限定在颜色明显不同的区域。

应用历史记录艺术画笔工具对图像进行编辑的操作方法为：首先在工具箱中选择该工具，在其选项栏中设置所需的样式以及相关参数，然后在图像窗口中单击或拖动鼠标，即可产生艺术效果，对比效果如图4-81和图4-82所示。

图4-81　原图　　　　　图4-82　使用历史记录艺术画笔工具处理后的图像

技能实训　为卡通人物上色

为了能让读者巩固本章知识点，下面讲解如何利用本章讲解过的画笔工具、仿制图章工具等给手绘好了的卡通人物上色。

效果展示

本例要完成的效果如图4-83所示。

图4-83　为卡通人物上色

操作分析

本例主要讲解为卡通人物上色，首先使用画笔工具绘制色块，并绘制物体的明暗部分，然后利用选区工具绘制图案，最后用渐变工具填充颜色，完成为卡通人物上色的操作。

制作步骤

光盘同步文件

原始文件：光盘\素材文件\第4章\4-11.jpg

结果文件：光盘\结果文件\第4章\为卡通人物上色.psd

同步视频文件：光盘\同步教学文件\04 为卡通人物上色.avi

步骤1 打开Photoshop CS5，打开光盘中的素材文件4-11.jpg，如图4-84所示。

步骤2 单击"图层"面板底部的"创建新图层"按钮，新建一个图层。右击新图层，选择"图层属性"命令，在弹出的"图层属性"对话框的"名称"文本框后输入"红色帽子"，为图层重命名，如图4-85所示。

步骤3 选中"背景"图层，选择工具箱中的魔棒工具，在"背景"图层的帽子部分创建选区，如图4-86所示。

图4-84 打开图像文件　　　　　图4-85 新建图层　　　　　图4-86 创建选区

步骤4 选中"红色帽子"图层，把前景色设置为红色（R:255、G:0、B:0），再按【Alt+Delete】快捷键填充颜色，如图4-87所示。

步骤5 选择工具箱中的画笔工具，把画笔大小设置为40、硬度为20，将前景色设置为暗红色（R:185、G:0、B:0），在帽子红色部分绘制暗部，其目的是为了让帽子看起来更立体、更有层次感，如图4-88所示。

步骤6 选择"背景"图层，用魔棒工具选择围巾部分，然后新建图层"红色围巾"，选择工具箱中的画笔工具，把画笔硬度设置为100，前景色设置为红色（R:245、G:0、B:0），在"红色围巾"图层绘制围巾的红色部分，如图4-89所示。

图4-87 填充颜色

图4-88 绘制帽子暗部

图4-89 绘制围巾的红色部分

步骤 7 与步骤5相同的方法绘制围巾的红色暗部，如图4-90所示。

步骤 8 选择"背景"图层，选择工具箱中的魔棒工具，选择帽子边缘、脸部、手臂、肚子、腿、围巾的白色部分，然后新建图层"白色暗部"，如图4-91所示。

步骤 9 选择"白色暗部"图层，选择工具箱中的画笔工具，画笔大小随着绘制不同地方而灵活缩放，硬度为30，前景色设置为灰色（R:225、G:225、B:225）在所选区域绘制暗部，如图4-92所示。

图4-90 绘制围巾暗部

图4-91 选择需要绘制暗部的部分

图4-92 绘制暗部

步骤 10 选择工具箱中的魔棒工具，选中鞋带部分，新建图层"鞋带"，选择该图层，把前景色设置为蓝色（R:90、G:115、B:185），再按【Alt+Delete】快捷键填充颜色，如图4-93所示。

步骤 11 利用与步骤10相同的方法填充鞋子的颜色，把前景色设置为蓝色（R:195、G:230、B:252），如图4-94所示。

图4-93 填充鞋带的颜色

图4-94 填充鞋子部分

步骤 12 利用工具箱中的魔棒工具选择鞋子部分，选择画笔工具，把前景色设置为深蓝色（R:108、G:154、B:203），绘制鞋子的深色部分；把前景色设置为浅蓝色（R:230、G:245、B:247），绘制鞋子的高光部分，如图4-95所示。

步骤 13 新建图层"腮红"，利用工具箱中的椭圆选框工具绘制选区于熊的腮红处，执行"选择"→"修改"→"羽化"命令，设置羽化值为10，把前景色设置为橘红色（R:254、G:217、B:211），再按【Alt+Delete】快捷键填充颜色。利用工具箱中的魔棒工具选择舌头部分，再按【Alt+Delete】快捷键填充颜色，如图4-96所示。

步骤 14 选择工具箱中的魔棒工具，再单击"背景"图层的白色背景，按【Delete】删除背景，如图4-97所示。

图4-95　绘制鞋子的高光和暗部　　　　图4-96　绘制腮红　　　　　　　图4-97　删除白色背景

步骤 15 新建图层"雪堆"，选择工具箱中的渐变工具，编辑渐变颜色，把浅色部分设置为浅白色、深色部分设置为蓝色（R:195、G:231、B:255），设置完成后，拖动鼠标填充颜色，如图4-98所示。

步骤 16 新建图层"湖"，把图层置于"雪堆"图层上，用工具箱中的套索工具绘制选区，如图4-99所示。

步骤 17 选择工具箱中的渐变工具，编辑渐变颜色，把浅色部分设置为浅蓝色（R:200、G:235、B:255）、深色部分设置为蓝色（R:142、G:216、B:255），设置完成后，拖动鼠标填充颜色，如图4-100和图4-101所示。

图4-98　填充颜色　　　　　　　　图4-99　绘制选区　　　　　　　图4-100　设置渐变编辑器

步骤 18 选择工具箱中的画笔工具，画笔大小随着绘制不同地方而灵活缩放，硬度为30，把前景色设置为深蓝色（R:102、G:184、B:236），绘制湖的暗部，如图4-102所示。

步骤 19 在"雪堆"图层上反选选区，再把前景色设置为浅蓝色（R:179、G:228、B:255），绘制雪堆的暗部；再把前景色设置为白色（R:229、G:246、B:253），绘制雪的亮部，如图4-103所示。

图4-101　填充选区　　　　　　图4-102　绘制湖面暗部　　　　　图4-103　绘制雪的暗部和亮部

步骤20 新建图层"天空"，把图层置于"雪堆"图层下，选择工具箱中的渐变工具，编辑渐变颜色，把浅色部分设置为浅蓝色（R:91、G:186、B:240），深色部分设置为蓝色（R:57、G:124、B:215），设置完成后，拖动鼠标填充颜色，如图4-104所示。

步骤21 新建图层"雪花"，把该图层放在最前端，选择工具箱中的画笔工具，把画笔硬度设置为50，画笔大小根据雪花大小调整，颜色设置为白色、浅蓝色（R:187、G:219、B:255）和蓝色（R:145、G:194、B:250），绘制大小和颜色不一的雪花，如图4-105所示。

图4-104　填充天空颜色　　　　　　　　图4-105　绘制雪花

通过本实例，读者可巩固了解画笔的硬度、大小、渐变的方式，简单了解给卡通人物上色的步骤。

课堂问答

通过本章的讲解，大家对画笔工具、填充工具以及编辑和修改图像的工具有了一定的了解，下面列出一些常见的问题供学习参考。

问题1：在渐变颜色条中加了色标后，如果不需要某个色标时，该怎么办呢？

答：可以选择该色标，然后单击窗口右下角的"删除"按钮，即可将色标删除。

问题2：使用橡皮擦工具的时候，为何有时候背景是白色的，有时候是马赛克的呢？

答：打开一个图像文件，图层自动锁定，名为"背景"，在这个状态下，使用橡皮擦工具擦除背景，擦除的部分自动填充为背景色，如图4-106所示。

　　如不想自动填充背景色，那么双击图层上锁定了的〝背景〞图层，会弹出〝新建图层〞对话框，单击〝确定〞按钮，图层解锁，自动重命名为〝图层0〞，然后使用橡皮擦工具擦除图像，就会得到透明背景，如图4-107所示。

图4-106　擦除〝背景〞图层的图像　　　　图4-107　擦除解锁后的图像

问题3：红眼工具只能消除红色反光吗？

　　答：由于拍摄图像时使用闪光灯，不同生物的眼睛对于光线的感应不同，从而会产生绿色或白色的反光效果，使用红眼工具同样可以将照片中的白色和绿色反光消除。

知识能力测试

　　本章讲解了图像绘制与修饰的常用工具，为对知识进行巩固和测试，布置相应的练习题。

笔试题

一、填空题

　　(1) 如果要调出〝画笔〞面板，可以选择〝窗口〞菜单中的〝_____〞命令，或者按【_____】键。

　　(2) Photoshop CS5中提供的图像修复工具有污点修复画笔工具、修补工具和_____。

　　(3) _____工具用于提高图像某部分颜色的亮度或者减弱图像的光线。

二、选择题

　　(1) Photoshop CS5提供的图像修补工具中，通过以下（　　　）工具可以快速消除人物照片中的红眼瑕疵。

　　　　A. 　　　　　B. 　　　　　C. 　　　　　D.

　　(2) 使用（　　　）工具可以对图像进行加色或去色处理。

　　　　A. 　　　　　B. 　　　　　C. 　　　　　D.

(3) 在移动工具状态下，按住（　　　　）键，再按键盘上的方向键移动图像，每按一次图像移动10像素。

A.【Ctrl】　　　　　B.【Shift】　　　　　C.【Enter】　　　　　D.【Tab】

上机题

(1) 打开光盘中的素材文件4-12.jpg，设置前景色为蓝色（R:50、G:170、B:250），单击工具箱中的颜色替换工具，拖动鼠标在绿色的花上进行涂抹。使用颜色替换工具涂抹前和涂抹后的效果如图4-108和图4-109所示。

图4-108　原图　　　　　　　　　图4-109　替换后的效果

(2) 打开光盘中的素材文件4-13.jpg，选择工具箱中的魔棒工具，在白色区域创建选区，单击工具箱中的渐变工具，选择"黄色、粉红、紫色"，在图像中拖动鼠标进行渐变填充。填充渐变前和填充后的效果对比如图4-110和图4-111所示。

图4-110　原图　　　　　　　　　图4-111　填充图像背景

第5章　图层的高级应用

Photoshop CS5中文版标准教程（超值案例教学版）

重点知识

- 图层的作用
- 图层的新建与编辑
- 图层的基础操作

难点知识

- 图层的分布与对齐
- 图层样式

本章导读

图层是Photoshop CS5的精髓功能之一，也是Photoshop软件的最大特色。使用图层功能，可以很方便地修改图像，简化图像编辑操作，使图像编辑更具有弹性。此外，使用图层功能，还可以创建各种图层特效，从而制作出充满创意的平面设计作品。

5.1　图层应用入门必知

图层在Photoshop中扮演着重要的角色。对图像进行绘制或编辑时，所有的操作都是基于图层的，就像写字必须写在纸上、画画必须画在画布上一样。在Photoshop中，打开的图像都有一个或多个图层。

5.1.1　认识图层的功能作用

图层就像一张张透明的书页，在上面可自由地加入或者删除对象，并且各图层间的上下层关系可根据需要进行自由的调整。利用图层，可极为方便地编辑图像，从而合成千变万化的特殊效果，使许多操作变得更加简捷方便。下面，以一个实例对图层的作用进行说明。

比如在纸上画一个人脸，先画脸庞，接着画眼睛和鼻子，最后画嘴巴。画完以后发现眼睛的位置歪了一些，那么只能把眼睛擦除掉重新画，并且还要对脸庞作一些相应的修补。这当然很不方便。在设计的过程中也是这样，很少有一次成形的作品，常常需要经历若干次修改之后才会得到满意的效果。

想象一下，如果不是直接画在纸上，而是先在纸上铺一层透明的纸，把脸庞画在这张透明纸上，画完后再铺一层透明纸画上眼睛，再铺一层透明纸画上鼻子，最后铺一层透明纸画上嘴。将脸庞、鼻子、眼睛、嘴分为4个透明纸层，叠加在一起就可以组成最终效果。

画完后如果觉得眼睛的位置不对，只需单独移动眼睛那层透明纸以达到需要的效果。如果觉得鼻子画得不好看，只需单独修改和编辑鼻子那层透明纸上的内容以达到需要效果，修改完后还是觉得不满意时，甚至可以把这张纸丢弃再重新画一张。

通过这种图层的编辑方法，不会影响其他图层中的内容。因此，利用图层编辑和处理图像，为用户提供了极大的方便性和灵活性。

5.1.2　熟悉"图层"面板

"图层"面板是进行图层编辑操作时必不可少的工具。"图层"面板显示了当前图像的图层信息，从中可以调节图层叠放顺序、图层透明度以及图层混合模式等参数，几乎所有的图层操作都可以通过它来实现。执行"窗口"→"图层"命令，即可在工作区中显示"图层"面板。打开"图层"面板后，如图5-1所示。

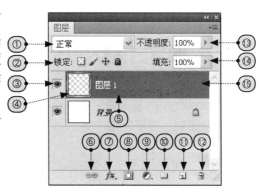

图5-1　"图层"面板

"图层"面板中主要选项的含义分别介绍如下。

①图层混合模式：在其右侧的下拉列表中，可以选择不同的混合模式，以决定当前工作图层中的图像与其他图层混合在一起的效果。

②锁定：在该选项组中可以指定需要锁定的图层内容，其选项包括"锁定透明像素"

"锁定图像像素"、"锁定位置"和"锁定全部"。

③ "指示图层可见性"图标👁：用于显示与隐藏图层。当不显示该图标时，表示这一图层中的图像将被隐藏；反之，则表示显示这一图层中的图像。用鼠标单击该图标，可以切换显示或隐藏图层。

④ 图层缩览图▨：在图层名称的左侧有一个图层缩览图。其中显示当前图层的图像缩览图，通过它可以迅速辨识每一个图层。

技巧：当对某图层中的图像进行编辑和修改时，其对应的图层缩览图的内容也会随着发生改变。

⑤ 图层名称：每个图层都要定义不同的名称，以便区分。如果在新建图层时没有命名，Photoshop会自动命名为"图层1"、"图层2"、"图层3"……，依次类推。

⑥ "链接图层"按钮🔗：选中两个或两个以上图层，单击该按钮，可以创建图层链接。

⑦ "添加图层样式"按钮 fx.：单击该按钮，弹出面板菜单，从中可以选择一种样式应用于当前工作图层。

⑧ "添加图层蒙版"按钮 ◻：单击该按钮，可以为当前工作图层添加一个图层蒙版。

⑨ "创建新的填充或调整图层"按钮 ◕.：单击该按钮，弹出面板菜单，从中选择某选项可以创建一个填充图层或调整图层。

⑩ "创建新组"按钮 ▢：单击该按钮，可以创建一个新图层组。

⑪ "创建新图层"按钮 ▣：单击该按钮，可以创建一个新图层。

⑫ "删除图层"按钮 🗑：单击该按钮，可删除当前工作图层。

⑬ 不透明度：用于设置图层的总体不透明程度。

⑭ 填充：与"不透明度"选项相似，用于设置图层的不透明度。

⑮ 当前工作图层：在面板中，以蓝颜色显示的图层，表示正处于选中状态，此时可对其内容进行修改或编辑，称为当前工作图层。

技巧：一幅图像只有一个当前工作图层，并且许多编辑命令只能对当前工作图层有效。在切换当前工作图层时，只需要用鼠标单击图层的名称或图层缩览图即可。

5.2　图层的基础操作

Photoshop中的新图像只有一个图层，在"图层"面板中可以完成对图层的基本操作，包括创建新图层、复制图层、重命名图层、删除图层、显示与隐藏图层等。

5.2.1　创建图层

新建的图层一般位于当前图层的上方，默认为"正常"模式和100%的不透明度。具体创建方法介绍如下。

1. 通过快捷键新建图层

通过快捷键可以快速地创建新图层。按【Shift+Ctrl+N】快捷键，弹出"新建图层"对话框，如图5-2所示。

图5-2 "新建图层"对话框

该对话框中主要选项的含义分别介绍如下。

①名称：用于设置创建新图层的名称。若未设置名称时，系统将以默认的名称来命名图层，如"图层1"、"图层2"、"图层3"……，依次类推。

②颜色：用于设置新图层的"指示图像可见性"图标的颜色，起到与其他图层之间区分的作用。

③模式：用于设置新图层中创建图像的混合模式。

④不透明度：用于设置新图层中创建图像的不透明度。

在"新建图层"对话框中设置好以上参数后，单击"确定"按钮，即可创建一个新图层。

2. 通过菜单命令方式新建图层

通过菜单命令方式可以创建一个新图层，执行"图层"→"新建"→"图层"命令，即可弹出"新建图层"对话框，对相关参数进行设置后，单击"确定"按钮即可完成新建图层。

3. 通过按钮方式新建图层

打开"图层"面板，可在"图层"面板中通过按钮方式快速新建图层，具体操作步骤如下。

步骤 1 单击"图层"面板底部的"创建新图层"按钮，如图5-3所示。

步骤 2 通过上一步操作，"图层"面板中出现新建的图层，程序自动命名为"图层1"，位于"背景"图层上方，如图5-4所示。

图5-3 新建图层

图5-4 得到新图层

4. 通过面板菜单新建图层

通过"图层"面板菜单也可以新建图层，具体操作步骤如下。

步骤 1 单击"图层"面板右上角的下三角按钮 ，在弹出的图层快捷菜单中选择"新建图层"命令，如图5-5所示。

步骤 2 弹出"新建图层"对话框，单击"确定"按钮即可完成新建图层，如图5-6所示。

图5-5　图层菜单　　　　　图5-6　"新建图层"对话框

5.2.2 重命名图层

通过单击"图层"面板中的"创建新图层" 按钮新建的图层的默认名称为"图层1"、"图层2"……，依次类推，为了方便图层的管理和图像的编辑，一般需要对图层进行重新命名。对图层的重命名有以下两种方式。

1. 菜单命令

单击"图层"面板右上角的 按钮，在弹出的快捷菜单中选择"图层属性"命令，弹出"图层属性"对话框，可在"名称"文本框中输入图层名称，然后单击"确定"按钮，如图5-7所示。

图5-7　使用菜单命令重命名图层

2. 双击图层名称

在"图层"面板中，直接用鼠标左键双击图层名称，这时，图层名称就进入可编辑状态，然后修改名称即可，如图5-8所示。

图5-8　重命名图层名称

5.2.3 复制图层

复制图层是把当前图层的所有内容进行复制，并生成一个新图层，系统自动命名为当前图层的副本，具体方法如下。

方法一 执行"图层"→"复制图层"命令，弹出"复制图层"对话框，单击"确定"按钮完成复制操作，如图5-9所示。

方法二 在图层快捷菜单中选择"复制图层"命令，如图5-10所示。

图5-9 "复制图层"对话框　　　　　　图5-10 图层快捷菜单

方法三 在需要复制的图层右击鼠标，在弹出的快捷菜单中选择"复制图层"命令，如图5-11所示。

方法四 在"图层"面板中，拖动需要进行复制的图层（如"图层1"图层），到面板底部的"创建新图层"按钮处，如图5-12所示。

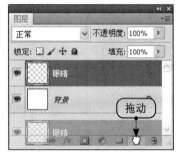

图5-11 右击图层　　　　　　图5-12 复制图层

技巧：在"图层"面板中选择需要复制的图层后，按【Ctrl+J】快捷键可以快速复制选择的图层。

5.2.4 图层顺序的调整

图像一般是由多个图层组成，而图层的顺序直接影响着图像显示的效果。位于上面的图层只是遮盖其底下的图层，因此，在处理图像时，应考虑到图层间的顺序关系，调整图层排列顺序的具体操作步骤如下。

步骤❶ 在"图层"面板中，拖动需要调整叠放顺序的图层（如"图层1"图层）至需要的位置处，如"图层2"图层下方，如图5-13所示。

步骤❷ 通过上一步操作，"图层1"图层已被移至"图层2"图层的下方，如图5-14所示。

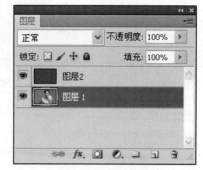

图5-13　拖动图层　　　　　图5-14　调整顺序

5.2.5　图层的删除

当不再需要某个图层时，可将其删除，最大限度地降低图像文件的大小，具体操作步骤如下。

方法一　在"图层"面板中，拖动需要删除的图层（如"图层2"图层）到面板底部的"删除图层"按钮处，如图5-15所示。

方法二　在图层快捷菜单中选择"删除图层"命令，如图5-16所示。

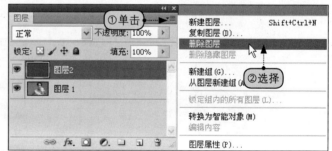

图5-15　拖动删除图层　　　　　图5-16　选择"删除图层"命令

提示：在"图层"面板中选定需要删除的图层，按【Delete】键可以快速删除该图层。

5.2.6　图层的链接

对图层进行链接，可以很方便地移动多个图层的图像，同时对多个图层中的图像进行旋转、翻转、缩放和自由变换操作，以及对不相邻的图层进行合并。具体步骤如下。

步骤1　按住【Ctrl】键，在"图层"面板中选择需要链接的两个或两个以上图层，单击"图层"面板底部的"链接图层"按钮，如图5-17所示。

步骤2　通过上一步操作，完成选定图层的链接操作，链接的图层名称右侧将显示图标，如图5-18所示。

图5-17　选择图层　　　　　　　图5-18　链接图层

提示：在"图层"面板中选择需要链接的图层，在图层位置处单击鼠标右键，在弹出的快捷菜单中选择"链接图层"命令，也可以对选定的图层进行链接。如果需要取消图层的链接，在选择图层后，再次单击"图层"面板底部的"链接图层"按钮，即可取消图层间的链接关系。

5.2.7　图层的锁定

图层被锁定后，将限制图层编辑的内容和范围，被锁定的内容将不会受到编辑图层中其他内容时的影响。"图层"面板的锁定组中提供了4个不同功能的锁定按钮，如图5-19所示。

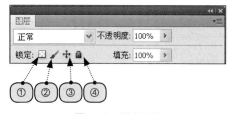

图5-19　锁定按钮

①锁定透明像素：单击该按钮，则图层或图层组中的透明像素被锁定。当使用绘制工具绘图时，将只对图层非透明区域（即有图像的像素部分）生效。

②锁定图像像素：单击该按钮，可以将当前图层保护起来，使之不受任何填充、描边及其他绘图操作的影响。

③锁定位置：用于锁定图像的位置，使之不能对图层内的图像进行移动、旋转、翻转和自由变换等操作，但可以对图层内的图像进行填充、描边和其他绘图的操作。

④锁定全部：单击该按钮，图层全部被锁定，不能移动位置，不可执行任何图像编辑操作，也不能更改图层的不透明度和图像的混合模式。

5.2.8　隐藏与显示图层

通过"图层"面板，可以隐藏一个或多个图层对象，隐藏图层后，被隐藏的图层中的内容会受到保护，不会在处理其他图层内容时受到破坏，具体操作步骤如下。

步骤❶ 在"图层"面板中单击需要隐藏图层名称前面的"指示图层可见性"图标。

步骤❷ 通过上一步操作，可以在图像文件中隐藏该图层中的图像，此时该"指示图层可见性"图标显示为 ，如图5-20所示。

图5-20　隐藏图层

在"图层"面板中，单击隐藏图层名称前面的 图标，再次显示隐藏的图层；若在单击某图层名称前面的 图标时并纵向拖动，可以隐藏多个图层；在隐藏图层的 图标上单击鼠标左键并纵向拖动，可以显示多个隐藏的图层。

 提示：按住【Alt】键，在"图层"面板中单击某图层名称前面的"指示图层可见性"图标，可以在图像文件中仅显示该图层中的图像；若再次按住【Alt】键单击该图标，则重新显示刚才隐藏的所有图层。

5.2.9　合并图层

在实际操作过程中，图层过多会影响系统运行速度，降低工作效率，文件也会很大，所以需要对不再进行编辑的图层进行合并操作，提高工作效率。

1. 向下合并图层

向下合并图层就是将选中的图层与下面一个图层相合并，具体操作步骤如下。

步骤1 在"图层"面板中选择需要向下合并的图层，例如"图层2"图层，如图5-21所示。

步骤2 执行"图层"→"向下合并"命令，"图层2"图层已经合并至"图层1"图层中，如图5-22所示。

图5-21　选择图层　　　　图5-22　向下合并

 提示：按【Ctrl＋E】快捷键可以快速地将当前工作图层与其下方图层进行合并；或者在"图层"面板中选定的图层位置处右击，在弹出的快捷菜单中选择"向下合并"命令即可。

2. 合并可见图层

合并可见图层就是将当前可见的图层进行合并。

在〝图层〞面板中选择需要合并的图层，执行〝图层〞→〝向下合并〞命令。

3. 拼合图像

拼合图像就是将〝图层〞面板中的所有图层进行合并，执行〝图层〞→〝拼合图像〞命令，可以合并当前图像中的所有图层。

5.3 图层的对齐和分布

在Photoshop CS5中，图层对象的对齐和分布是进行图像处理的基本操作，系统提供了多种对齐和分布方式供用户选择，能够满足用户的图像处理需要。

5.3.1 对齐图层

在进行对齐操作之前，首先选择需要进行对齐的图层，单击工具箱中的移动工具，在属性栏中选择对齐方式，包括 顶对齐、 垂直居中对齐、 底对齐、 左对齐、 水平居中对齐和 右对齐。对齐方式示例如图5-23～图5-28所示。

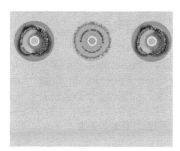
图5-23 顶对齐

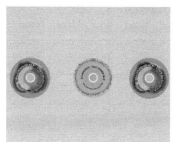
图5-24 垂直居中对齐

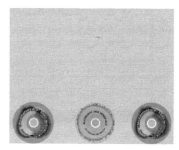
图5-25 底对齐

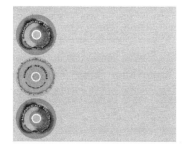
图5-26 左对齐

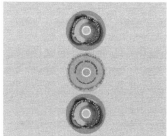
图5-27 水平居中对齐

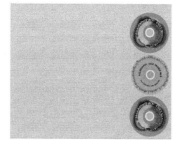
图5-28 右对齐

5.3.2 分布图层

进行图层分布操作之前需要选择好要进行分布操作的图层，单击工具箱中的移动工具，在属性栏中选择分布方式，包括 按顶分布、 垂直居中分布、 按底分布、 按左分布、 水平居中分布和 按右分布。

5.4　图层的混合模式和不透明度

在"图层"面板中，在图层之间使用叠加算法形成的颜色显示方式称为图层混合模式，在实际操作过程中，应用图层混合模式可以制作出许多意想不到的效果，或明或暗，或深或浅，或浓或淡。

5.4.1　混合模式的作用

在学习图层混合模式效果之前，首先要对其操作方法进行了解，下面将对为图层设置图层混合模式的具体操作方法和相关技巧进行详细介绍。

步骤 1 打开光盘中的素材文件5-01.psd，此文件有两个图层，如图5-29所示。

步骤 2 单击"图层"面板上方的 按钮，在下拉列表中选择"正片叠底"命令，如图5-30所示。

图5-29　"图层"面板

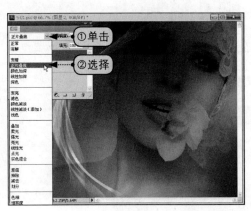

图5-30　"正片叠底"效果

5.4.2　混合模式的类型

单击"图层"面板左上角的下拉按钮，在打开的下拉列表中包含了25种图层混合模式选项，选择任意一种图层混合模式选项，即可将当前图层以选择的图层混合模式与下层图层混合。对图层使用混合效果，可以制作出具有真实或其他特殊效果的图像。在学习之前，首先要了解基色、混合色和结果色的概念，基色是图像中的原稿颜色；混合色是通过绘画或者编辑工具应用的颜色；结果色是混合后得到的颜色。

➡ **正常：** 在默认情况下，图层的混合模式为"正常"模式，当选中该模式时，其图层叠加效果为正常的状态，没有任何特殊效果。在处理位图图像或索引颜色图像时，"正常"模式也称为阀值。

➡ **溶解：** 在"溶解"模式中，编辑或绘制每个像素，使其成为结果色，如图5-31所示。根据像素位置的不透明度，"结果色"由"基色"或"混合色"的像素随机替换。因此，"溶解"模式最好是同Photoshop中的一些着色工具一起使用，效果会比较好。

提示：当降低图层的不透明度时，图层像素不是逐渐透明化，而是某些像素透明，其他像素则完全不透明，从而得到颗粒化效果。不透明度越低，消失的像素越多。

→ **变暗**：在"变暗"模式中，查看每个通道中的颜色信息，并选择"基色"或"混合色"中较暗的颜色作为"结果色"，如图5-32所示。比"混合色"亮的像素被替换，比"混合色"暗的像素保持不变。

→ **正片叠底**：在"正片叠底"模式中，查看每个通道中的颜色信息，并将"基色"与"混合色"复合如图5-33所示。"结果色"总是较暗的颜色。任何颜色与黑色复合产生黑色，任何颜色与白色复合保持不变。

图5-31　"溶解"模式　　　图5-32　"变暗"模式　　　图5-33　"正片叠底"模式

→ **颜色加深**：在"颜色加深"模式中，查看每个通道中的颜色信息，并通过增加对比度使基色变暗以反映混合色，如果与白色混合的话将不会产生变化，如图5-34所示。

→ **线性加深**：在"线性加深"模式中，查看每个通道中的颜色信息，并通过减小亮度使"基色"变暗以反映混合色，如图5-35所示。如果"混合色"与"基色"上的白色混合后将不会产生变化。

→ **深色**：使用该图层混合模式，通过比较混合色和基色的所有通道值的总和，显示值较小的颜色，换句话说该图层混合模式是从基色和混合色中选取最小的通道值来创建结果色，如图5-36所示。

图5-34　"颜色加深"模式　　　图5-35　"线性加深"模式　　　图5-36　"深色"模式

→ **变亮**：在"变亮"模式中，查看每个通道中的颜色信息，并选择"基色"或"混合色"中较亮的颜色作为"结果色"，如图5-37所示。比"混合色"暗的像素被替换，比"混合色"亮的像素保持不变。

→ **滤色**："滤色"模式与"正片叠底"模式正好相反，它将图像的"基色"颜色与"混合色"颜色结合起来产生比两种颜色都浅的第3种颜色，如图5-38所示。

➡ **颜色减淡：** 在"颜色减淡"模式中，查看每个通道中的颜色信息，并通过减小对比度使基色变亮以反映混合色，如图5-39所示。与黑色混合则不发生变化。

图5-37　"变亮"模式　　　　　图5-38　"滤色"模式　　　　　图5-39　"颜色减淡"模式

➡ **线性减淡：** 在"线性减淡"模式中，查看每个通道中的颜色信息，并通过增加亮度使基色变亮以反映混合色，但是不要与黑色混合，那样是不会发生变化的，如图5-40所示。

➡ **浅色：** 使用该图层混合模式，通过比较"混合色"和"基色"的所有通道值的总和，显示值较大的颜色但是"浅色"不会生成第3种颜色，因为它将从基色和混合色中选取最大的通道值来创建结果色，如图5-41所示。

➡ **叠加：** "叠加"模式把图像的"基色"颜色与"混合色"颜色相混合产生一种中间色。"基色"内颜色比"混合色"颜色暗的颜色使"混合色"颜色倍增，比"混合色"颜色亮的颜色将使"混合色"颜色被遮盖，而图像内的高亮部分和阴影部分保持不变，因此对黑色或白色像素着色时"叠加"模式不起作用，如图5-42所示。

图5-40　"线性减淡"模式　　　　　图5-41　"浅色"模式　　　　　图5-42　"叠加"模式

➡ **柔光：** "柔光"模式会产生一种柔光照射的效果。如果"混合色"颜色比"基色"颜色的像素更亮一些，那么"结果色"将更亮；如果"混合色"颜色比"基色"颜色的像素更暗一些，那么"结果色"颜色将更暗，使图像的亮度反差增大，如图5-43所示。

➡ **强光：** "强光"模式将产生一种强光照射的效果。如果"混合色"颜色比"基色"颜色的像素更亮一些，那么"结果色"颜色将更亮；如果"混合色"颜色比"基色"颜色的像素更暗一些，那么"结果色"颜色将更暗，如图5-44所示。

➡ **亮光：** 通过增加或减小对比度来加深或减淡颜色，具体取决于"混合色"。如果"混合色"（光源）比50%灰色亮，则通过减小对比度使图像变亮；如果混合色比50%灰色暗，则通过增加对比度使图像变暗，如图5-45所示。

图5-43 "柔光"模式 　　图5-44 "强光"模式 　　图5-45 "亮光"模式

➡ **线性光：** 通过减小或增加亮度来加深或减淡颜色，具体取决于"混合色"。如果"混合色"（光源）比 50% 灰色亮，则通过增加亮度使图像变亮；如果混合色比50%灰色暗，则通过减小亮度使图像变暗，如图5-46所示。

➡ **点光：** "点光"模式其实就是替换颜色，其具体取决于"混合色"。如果"混合色"比50%灰色亮，则替换比"混合色"暗的像素，而不改变比"混合色"亮的像素；如果"混合色"比50%灰色暗，则替换比"混合色"亮的像素，而不改变比"混合色"暗的像素，如图5-47所示。这对于向图像添加特殊效果非常有用。

➡ **实色混合：** 使用该图层混合模式，可将混合颜色的红色、绿色和蓝色通道值添加到基色的RGB值中，如图5-48所示。若通道值的总和大于或者等于255，则值为255；若小于255，则值为0，因此所有混合像素的红色、绿色和蓝色通道值要么是0，要么是255，这会将所有像素更改为红色、绿色、蓝色、青色、黄色、洋红、白色或黑色。

图5-46 "线性光"模式 　　图5-47 "点光"模式 　　图5-48 "实色混合"模式

➡ **差值：** 在"差值"模式中，查看每个通道中的颜色信息，"差值"模式是将从图像中"基色"颜色的亮度值减去"混合色"颜色的亮度值，如果结果为负，则取正值，产生反相效果，如图5-49所示。由于黑色的亮度值为0，白色的亮度值为255，因此用黑色着色不会产生任何影响，用白色着色则产生被着色的原始像素颜色的反相。

➡ **排除：** "排除"模式与"差值"模式相似，但是具有高对比度和低饱和度的特点。比用"差值"模式获得的颜色要柔和、更明亮一些，如图5-50所示。建议在处理图像时，首先选择"差值"模式，若效果不够理想，可以选择"排除"模式来试试。其中与白色混合将反转"基色"值，而与黑色混合则不发生变化。其实无论是"差值"模式还是"排除"模式都能使人物或自然景色图像产生更真实或更吸引人的图像合成。

➡ **色相：** "色相"模式只用"混合色"颜色的色相值进行着色，而使饱和度和亮度值保持不变，如图5-51所示。当"基色"颜色与"混合色"颜色的色相值不同时，才能使用描绘颜色进行着色，但是要注意的是，"色相"模式不能用于灰度模式的图像。

图5-49　"差值"模式　　　　　图5-50　"排除"模式　　　　　图5-51　"色相"模式

➡ **饱和度：** "饱和度"模式的作用方式与"色相"模式相似，只用"混合色"颜色的饱和度值进行着色，而使色相值和亮度值保持不变，如图5-52所示。当"基色"颜色与"混合色"颜色的饱和度值不同时，才能使用描绘颜色进行着色处理。在无饱和度的区域上（也就是灰色区域中）用"饱和度"模式是不会产生任何效果的。

➡ **颜色：** "颜色"模式能够使用"混合色"颜色的饱和度值和色相值同时进行着色，而使"基色"颜色的亮度值保持不变。"颜色"模式可以看成是"饱和度"模式和"色相"模式的综合效果，如图5-53所示。该模式能够使灰色图像的阴影或轮廓透过着色的颜色显示出来，产生某种色彩化的效果，这样可以保留图像中的灰阶，并且对于给单色图像上色和给彩色图像着色都会非常有用。

➡ **明度：** "明度"模式能够使用"混合色"颜色的亮度值进行着色，而保持"基色"颜色的饱和度和色相数值不变。其实就是用"基色"中的色相和饱和度以及"混合色"的亮度创建"结果色"。此模式创建的效果与"颜色"模式创建的效果相反，如图5-54所示。

图5-52　"饱和度"模式　　　　　图5-53　"颜色"模式　　　　　图5-54　"明度"模式

➡ **减去：** 可以从目标通道中相应的像素上减去源通道中的像素值。

➡ **划分：** 查看每个通道中的颜色信息，从"基色"中划分"混合色"。

5.4.3　图层不透明度

　　打开光盘中的素材文件5-01.psd，在"图层"面板中为图层设置透明度后，即可将图层中的图像变透明，透露出下面图层的内容。把"图层1"的"不透明度"设置为30%，得到的效果如图5-55和图5-56所示。

图5-55　素材文件　　　　　　　　　图5-56　不透明度为30%

5.5　图层样式

使用"图层样式"可以制作出丰富的图层效果，在图像处理过程中，用户需要熟练掌握图层样式效果和应用方法，常用的图层样式主要包括投影、（内）外发光、斜面、描边、叠加等。

5.5.1　认识图层样式

在"图层"面板上，图层后面如果有 标记，则表示该图层应用了图层样式，打开"图层样式"对话框有以下几种方法。

方法一　执行"图层"→"图层样式"→"混合选项"命令。

方法二　单击"图层"面板底部的"添加图层样式"按钮 _fx_，选择"混合选项"命令，如图5-57所示。

方法三　双击需要添加图层样式的图层，可快速打开"图层样式"对话框。

通过以上方法，打开"图层样式"对话框，如图5-58所示。

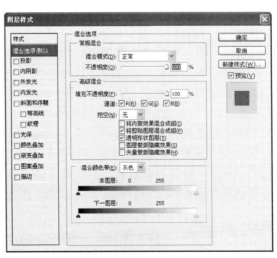

图5-57　创建图层样式　　　　　　　图5-58　"图层样式"对话框

5.5.2 图层样式的类型

在"图层样式"对话框中可以为图层设置多种样式效果，例如"发光"、"光泽"、"颜色叠加"等样式。可以对当前选择图层进行参数设置，常见图层样式的参数设置如下所示。

1. 混合选项

"混合选项"可以设定图层中图像与下面图层中图像混合的效果。"混合选项"包括"常规混合"、"高级混合"、"混合颜色带"3个选项。

（1）常规混合

该选项区中的选项与"图层"面板上方的选择参数设置一样，主要用于控制图层内图像的混合模式与不透明程度。

（2）高级混合

➡ **填充不透明度**：该选项与"图层"面板中的"填充"选择的功能相同，主要用于控制图层内图像填充的不透明程度。

➡ **通道**：选择用于混合的颜色通道。

➡ **挖空**：用于设置穿透某图层看到其他图层中的内容，其右侧的下拉列表中包括"无"、"深"和"浅"3个选项。

（3）混合颜色带

用于设置图像中单一通过的混合范围本图层和下一图层。本图层表示当前选中的图层，下一图层表示所选图层下面的图层

2. 投影

应用"投影"图层样式会为图层中的对象下方制造一种阴影效果，阴影的透明度、边缘羽化和投影角度等都可以在"图层样式"对话框中设置。

➡ **颜色框**：在"混合模式"后面的颜色框中，可设定阴影的颜色。

➡ **不透明度**：设置图层效果的不透明度，不透明度值越大，图像效果就越明显。可直接在后面的数值框中输入数值进行精确调节，或拖动滑动栏中的三角形滑块。

➡ **角度**：设置光照角度，可确定投下阴影的方向与角度。当选中"使用全局光"复选框时，可将所有图层对象的阴影角度都统一。

➡ **距离**：设置阴影偏移的幅度，距离越大，层次感越强；距离越小，层次感越弱。

➡ **扩展**：设置模糊的边界，"扩展"值越大，模糊的部分越少，可调节阴影的边缘清晰度。

➡ **大小**：设置模糊的边界，"大小"值越大，模糊的部分就越大。

➡ **等高线**：设置阴影的明暗部分，可单击小三角符号选择预设效果，也可单击预设效果，弹出"等高线编辑器"对话框重新进行编辑。等高线可设置暗部与高光部。

➡ **杂色**：为阴影增加杂点效果，"杂色"值越大，杂点越明显。

打开光盘中的素材文件5-02.psd，在"图层"面板中选择"图层1"图层。如图5-59和图5-60所示，从左至右分别为原图像、添加"投影"样式效果。

图5-59 原图　　　　　　　　图5-60 "投影"效果

3. 内阴影

"内阴影"图层样式是在图层对象边缘内生成阴影效果，如图5-61所示。参数设置与"投影"图层样式相同，这里不再重复讲述。

4. 外发光、内发光

"外发光"是在图层对象边缘外产生发光效果，"内发光"是在图像边缘内侧生成发光效果。"外发光"和"内发光"都是沿边缘均匀向外或向内产生发光效果。

如图5-62、图5-63所示，分别为添加"外发光"样式效果和添加"内发光"样式效果。

图5-61 "内阴影"效果　　　　图5-62 "外发光"效果　　　　图5-63 "内发光"效果

5. 斜面和浮雕

对图层应用"斜面和浮雕"样式可以使图像产生类似浮雕的立体效果。

➡ **样式**：在其下拉列表中，可以选择"外斜面"、"内斜面"、"浮雕效果"、"枕状浮雕"和"描边浮雕"5种浮雕样式。

➡ **方法**：在其下拉列表中，可选择"平滑"、"雕刻清晰"和"雕刻柔和"3个选项。

➡ **深度**：设置斜面的深度，"深度"值越高，斜面越明显。

➡ **方向**：当选中"上"单选按钮时，则产生外凸的立体效果，当选中"下"单选按钮时，则产生内凹的立体效果。

➡ **大小**：设置斜面的大小，取值越大，斜面的面积越大。

➡ **软化**：软化斜面边缘阴影，选择"雕刻清晰"选项时，效果明显。

➡ **高度**：设置光源的高度，直接影响立体效果。

6. 光泽

对图层应用 "光泽" 样式可为图像对象涂上颜色，在颜色边缘产生羽化使其产生有光泽的图像效果，可调节 "不透明度" 选项调整添加颜色的明暗程度。

如图5-64和图5-65所示，分别为添加 "斜面和浮雕" 样式效果和添加 "光泽" 样式效果。

图5-64　 "斜面和浮雕" 效果　　　　　图5-65　 "光泽" 效果

7. 颜色叠加、渐变叠加、图案叠加

叠加图层样式组是通过叠加颜色替换图层对象的颜色，可通过调节 "不透明度" 选项对原图层对象进行颜色、图案的替换或混合。其中， "渐变叠加" 和 "图案叠加" 有系统预设渐变样式和图案样式。 "图案叠加" 样式中，设置 "缩放" 选项可调节图案纹理的大小。

如图5-66、图5-67、图5-68所示，分别为添加 "颜色叠加" 样式效果、添加 "渐变叠加" 样式效果和添加 "图案叠加" 样式效果。

图5-66　 "颜色叠加" 效果　　　图5-67　 "渐变叠加" 效果　　　图5-68　 "图案叠加" 效果

8. 描边

可对图像边缘描上指定的颜色、渐变或者图案。

→ **大小**：描边的宽度，取值越大，描边越粗。

→ **位置**：对图层对象进行描边的位置，有 "外部"、 "内部" 和 "居中" 3个选项。

如图5-69所示为添加 "描边" 样式效果。

技巧： "图层样式" 对话框中的选项参数设置较多，在实际操作中，可以多尝试不同的参数设置，调试出最好的图像效果。

图5-69　 "描边" 效果

5.5.3 图层样式的编辑

· 创建好图层样式后，就要了解复制、删除和隐藏图层样式，便于对图层进行操作。

1.复制图层样式

想要把创建好的图层样式复制到其他图层，方法如下。

方法一 选择已创建好图层样式的图层，如"图层1"图层，执行"图层"→"图层样式"→"拷贝图层样式"命令，如图5-70所示。选择"图层2"图层，执行"图层"→"图层样式"→"粘贴图层样式"命令，就把"图层1"的图层样式复制到"图层2"上，如图5-71所示。

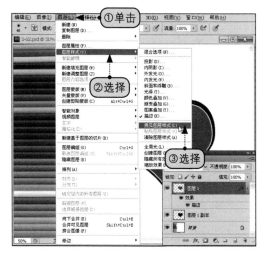

图5-70 复制图层样式

图5-71 粘贴图层样式

方法二 选择已创建好图层样式的图层，如"图层1"图层，右击鼠标，在弹出的快捷菜单中选择"拷贝图层样式"命令，如图5-72所示。选择"图层2"图层，右击鼠标，在弹出的快捷菜单中选择"粘贴图层样式"命令，如图5-73所示。

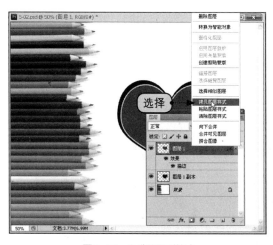

图5-72 复制图层样式

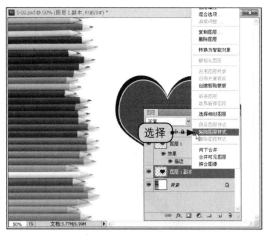

图5-73 粘贴图层样式

2. 删除图层样式

当对创建的样式效果不满意时，可以在"图层"面板中清除图层样式，具体操作步骤如下。

方法一 选择需要删除图层样式的图层，如"图层2"图层，右击鼠标，在弹出的快捷菜单中选择"清除图层样式"命令，如图5-74所示。

方法二 直接拖拽图层后的 *f* 图标，拖到图层面板右下角的 🗑 按钮上，如图5-75所示。

图5-74　清除图层样式

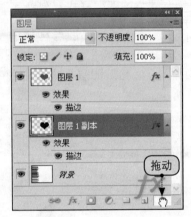

图5-75　"图层"面板

3. 隐藏图层样式

当暂时不需要显示图层样式时，在"图层"面板中可隐藏，单击"图层样式"前面的眼睛图标即可隐藏当前图层样式。

技能实训　制作圣诞贺卡

通过本章内容的讲解，让读者对图层具有一个基础的了解，下面将详细讲解如何更好地运用图层与图层样式，通过图层、图层样式和图层的混合模式制作圣诞贺卡。

效果展示

本例完成前后的效果对比如图5-76和图5-77所示。

图5-76　原图

图5-77　制作圣诞贺卡

在本实例中，首先要新建文件，为背景填色，绘制射线图案，然后将人物从背景中抠出，为人物添加图层样式，最后添加文字和文字图层样式。

制作步骤

光盘同步文件

原始文件：光盘\素材文件\第5章\5-03. jpg
结果文件：光盘\结果文件\第5章\制作圣诞贺卡.psd
同步视频文件：光盘\同步教学文件\05 制作圣诞贺卡.avi

步骤1 打开Photoshop CS5，执行"文件"→"新建"命令，在弹出的对话框中，将"宽度"设置为10厘米，"高度"设置为7厘米，"分辨率"设置为300像素/英寸，如图5-78所示。

步骤2 单击"图层"面板底部的"创建新图层"按钮，得到新图层"图层1"，如图5-79所示。

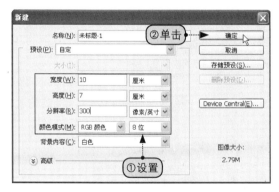

图5-78 "新建"对话框

图5-79 新建图层

步骤3 选中"图层1"图层，把前景色设置为红色（R:218、G:54、B:54），按【Alt+Delete】快捷键填充图层，如图5-80所示。

步骤4 单击工具箱中的矩形选区工具，在图中绘制一个矩形选区，如图5-81所示。

图5-80 填充图层

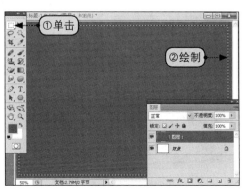

图5-81 创建选区

步骤5 单击"图层"面板底部的"创建新图层"按钮，得到新图层"图层2"，把前景色设置为白色，按【Alt+Delete】快捷键填充选区，把图层混合模式设置为"柔光"，如图5-82所示。

步骤6 单击"图层"面板底部的"创建新图层"按钮，得到新图层"图层3"，单击工具箱中的多边形套索工具，在图中绘制射线，并填充白色，如图5-83所示。

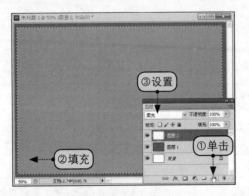 

图5-82 填充选区　　　　　　　　　图5-83 绘制选区

步骤7 选中"图层3"图层，按【Ctrl+J】快捷键复制图层，得到"图层4"图层，按【Ctrl+T】快捷键调出自由变换工具，把中心的准心拖动到右上角，如图5-84所示。

步骤8 旋转"图层4"图像，编辑完成后按【Enter】键结束编辑，如图5-85所示。

 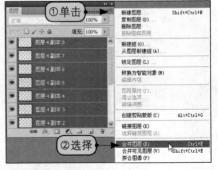

图5-84 复制图层　　　　　　　　　图5-85 旋转图像

步骤9 按照步骤6～步骤8的方法绘制其他射线，如图5-86所示。

步骤10 按住【Shift】键不放，选中所有射线图层，单击"图层"面板右上角的图层扩展按钮，在弹出的菜单中选择"合并图层"命令，如图5-87所示。

图5-86 绘制射线　　　　　　　　　图5-87 合并图层

步骤 ⑪ 按住【Ctrl】键不放，移至"图层2"图层缩览图处，当鼠标呈现 时单击"图层缩览图"图标，即可创建选区，如图5-88所示。

步骤 ⑫ 按【Shift+Ctrl+I】快捷键反选选区，再按【Delete】快捷键删除射线突出部分，如图5-89所示。

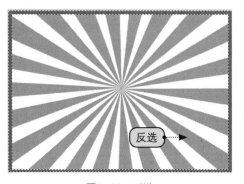

图5-88 创建选区   图5-89 反选

步骤 ⑬ 打开光盘中的素材文件5-03.jpg，选择工具箱中的魔棒工具，在选项栏中将"容差"设置为10，在图中单击鼠标左键，创建选区，如图5-90所示。

步骤 ⑭ 按【Shift+Ctrl+I】快捷键反选选区，在选择工具箱中的移动工具，把选中的人物拖曳到之前的文件内，得到"图层5"图层，按【Ctrl+T】快捷键调整人物大小，如图5-91所示。

图5-90 创建选区   图5-91 缩放大小

步骤 ⑮ 选择"图层4副本20"图层，把图层混合模式改为"柔光"，如图5-92所示。

步骤 ⑯ 选中"图层5"图层，单击"图层"面板底部的"添加图层样式"按钮，在弹出的菜单中选择"外发光"命令，如图5-93所示。

图5-92 设置图层混合模式   图5-93 添加图层样式

步骤 17 在弹出的“图层样式”对话框中，将“扩展”设置为20%，“大小”设置为29像素，单击“杂色”下方的方框，把颜色设置为白色，设置完成后单击“确定”按钮，如图5-94所示。

步骤 18 选择工具箱中的横排文字工具，在图中单击鼠标左键，在出现光标时即可输入文字Merry Christmas，把“字体”设置为Edwardian Script ITC，“大小”设置为24点，如图5-95所示。

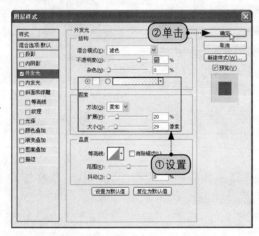

图5-94 “图层样式”对话框　　　　　　　图5-95 创建文字

步骤 19 选择文字图层，单击“图层”面板，底部的“添加图层样式”按钮，在弹出的菜单中选择“外发光”命令，在弹出的“图层样式”对话框中，把“扩展”设置为4%，“大小”设置为6像素，“颜色”设置为白色，如图5-96所示。

步骤 20 选择“投影”选项，把“距离”设置为7像素，“扩展”设置为7%，“大小”设置为6像素，设置完成后单击“确定”按钮，如图5-97所示。

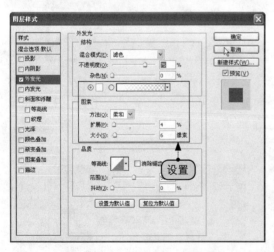

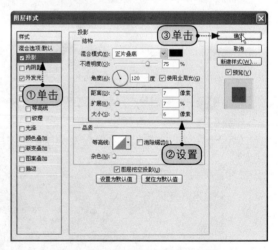

图5-96 “图层样式”对话框　　　　　　　图5-97 设置“投影”选项

步骤 21 选择工具箱中的横排文字工具，在图中单击鼠标左键，在出现光标时即可输入文字Happy New Year，把“字体”设置为Broadway，“大小”设置为24点，如图5-98所示。

步骤 22 右击Merry Christmas文字图层，在弹出的菜单中选择“拷贝图层样式”命令，如图5-99所示。

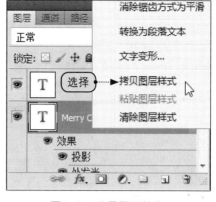

图5-98 创建文字　　　　　　　　　　　图5-99 拷贝图层样式

步骤23 选择Happy New Year文字图层，右击鼠标，在弹出的菜单中选择"粘贴图层样式"命令，得到的效果如图5-100所示。

步骤24 将Happy New Year文字图层的图层混合模式设置为"划分"，如图5-101所示。

图5-100 粘贴图层样式　　　　　　　　　图5-101 设置图层混合模式

课堂问答

问题1：一个图层可以设置混合模式吗？

答：设置图层混合模式时，"图层"面板中应最少要有两个图层并处于显示状态，否则无法显示图层混合模式效果。

问题2：除了在窗口菜单中显示"图层"面板，还有什么方法可以打开吗？

答：还可通过按【F7】键快速打开"图层"面板。

问题3：图层太多，不好管理，怎么办？

答：图层太多，可以利用图层组对图层进行管理，首先创建一个图层组，创建新的图层组后，可以用鼠标拖动其他图层放到图层组上，拖入的图层都将作为图层组的子图层放于图层组之下。创建图层组的具体方法如下。

方法一 执行〝图层〞→〝新建〞→〝组〞命令，弹出〝新建组〞对话框，可以分别设置图层组的名称、颜色、模式和不透明度，单击〝确定〞按钮，即可在调板上增加一个空白的图层组，如图5-102所示。

方法二 单击〝图层〞面板下面的〝创建新组〞按钮 ，即可新建组，如图5-103所示。

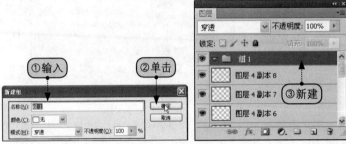

图5-102 新建组〝组1〞　　　　图5-103 新建图层组

提示：不是所有图层都能拖进图层组的，〝背景〞图层不能拖入图层组中。

知识能力测试

本章详细讲解了图层的基础与高级应用，为对知识进行巩固和测试，布置相应的练习题。

笔试题

一、填空题

（1）在〝图层〞面板中选择需要复制的图层后，按_____快捷键可以快速复制选择的图层。

（2）_____图层样式是让图层中的图像下方产生一种阴影效果，阴影的透明度、边缘羽化和投影角度等都可以在〝图层样式〞对话框中设置。

（3）图层样式中的_____选项可对图像边缘描上指定的颜色、渐变或者图案。

二、选择题

（1）下面（　　）选项不属于图层样式。

　　A．投影　　　　　B．内投影　　　　C．外发光　　　　D．镜头光晕

（2）下列（　　）快捷键可打开〝图层〞面板。

　　A．〝F6〞　　　　B．〝F7〞　　　　C．〝F5〞　　　　D．〝F8〞

（3）设置图层混合模式时，"图层"面板中应最少要有（　　）图层并处于显示状态。

A. 2个　　　　　　　B. 1个　　　　　　　C. 3个　　　　　　　D. 4个

上机题

（1）打开光盘中的素材文件5-04.jpg，如图5-104所示。在"图层"面板中拖动"背景"图层到面板右下方的"创建新图层"按钮上，复制"背景"图层，系统自动命名为"背景副本"，设置"背景副本"图层的"图层模式"选项为"滤色"，如图5-105所示。

图5-104　原图　　　　　　　　　　　　　　图5-105　"滤色"混合模式

（2）打开光盘中的素材文件5-05.jpg，如图5-106所示，选择工具箱中的"魔棒工具"，在空白选区上单击创建选区，完成选区创建后，按【Ctrl+J】快捷键复制图层，对新建图层应用图层样式，选择"内阴影"和"渐变叠加"选项，完成参数设置后，完成的效果图如图5-107所示。

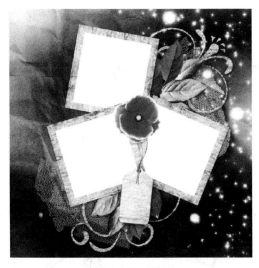 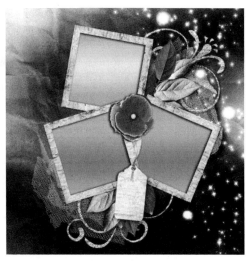

图5-106　原图　　　　　　　　　　　　　　图5-107　添加图层样式

第6章

蒙版和通道的综合运用

Photoshop CS5中文版标准教程（超值案例教学版）

重点知识

- 认识蒙版和通道的作用
- 认识通道及蒙版类型
- 常用各种蒙版在图像处理中的应用

难点知识

- 快速蒙版的使用
- 图层蒙版的编辑
- 不同通道的作用
- 通道的操作方法

本章导读

通道、蒙版和图层是Photoshop的三大核心。要想利用Photoshop创作出富有创意的作品，就离不开通道、蒙版和图层的应用。通过对本章内容的学习，可以让读者了解什么是蒙版和通道，以及它们的主要用途。

本章主要介绍了如何创建快速蒙版、图层蒙版、矢量图蒙版、剪切蒙版以及通道的类型、通道的基本操作等内容。

6.1　快速蒙版

快速蒙版是一种临时蒙版，使用快速蒙版不会修改图像，只建立图像的选区。它可以在不使用通道的情况下快速地将选区范围转换为蒙版，然后在快速蒙版编辑模式下进行编辑，当转为标准编辑模式时，未被蒙版遮住的部分将变成选区范围。

6.1.1　创建快速蒙版

使用快速蒙版首先要创建快速蒙版，快速蒙版的创建方法如下。

步骤❶　打开光盘中的文件6-01.jpg，使用工具箱中的魔棒工具在图像中创建一个选区，如图6-1所示。

步骤❷　单击工具箱中的"以快速蒙版模式编辑"按钮，切换到快速蒙版编辑模式。选区外的范围被红色蒙版遮挡，如图6-2所示。

图6-1　创建选区　　　　　图6-2　快速蒙版

提示：按住【Q】快捷键，可以进入快速蒙版。

6.1.2　快速蒙版的编辑

对快速蒙版的编辑，主要是应用画笔工具来对蒙版进行不同透明度的涂抹，凡被涂抹的地方都将作为选区。

画笔的硬度决定涂抹边缘的羽化程度，硬度越小，创建出选区的羽化程度也就越大。因此，当要创建具有羽化效果的选区时，就将画笔的硬度设置小一些；当要创建没有羽化效果的选区时，就将画笔的硬度设置为100%。

画笔的颜色决定蒙版的不透明度，也决定创建出选区的不透明度。当处于快速蒙版时，工具箱中颜色框中的颜色都以灰度色阶来表示，根据不同颜色的亮度选用不同灰阶颜色表示。

需要注意的是，在编辑快速蒙版时，当用白色涂抹时，蒙版为0%不透明，表示增加原选区的大小；当用黑色涂抹时，蒙版为100%不透明，表示减少原选区的大小；当用其他颜色涂抹时，蒙版则以该颜色的灰阶值来确定不透明程度，如图6-3、图6-4所示。

图6-3　画笔为白色　　　　　　　　　　　　　图6-4　画笔为黑色

6.1.3　退出快速蒙版

当对快速蒙版进行编辑涂抹后，就可以再次单击"以快速蒙版模式编辑"按钮，或者按【Q】键退出快速蒙版。用画笔工具涂抹的区域则根据画笔涂抹的颜色（白色或黑色）进行选区的增加或减少。效果如图6-5、图6-6所示。

图6-5　原选区　　　　　　　　　　　　　　图6-6　编辑快速蒙版退出后

6.2　图层蒙版

图层蒙版是一种特殊的蒙版，它附加在目标图层上，用于控制图层中的部分区域是隐藏还是显示。通过使用图层蒙版，可以在图像处理中制作出特殊的效果。

6.2.1　创建图层蒙版

下面通过两个图像文件的合成，介绍创建图层蒙版的具体操作方法。

步骤 1 打开光盘中的素材文件6-02.jpg和6-03.jpg，选择工具箱中的移动工具，将打开的6-03.jpg文件移动到6-02.jpg文件中，如图6-7所示。

步骤 2 单击"图层"面板底部的"添加图层蒙版"按钮，为"图层1"图层添加蒙版，如图6-8所示。

图6-7 拖动图像　　　　　　　　　　图6-8 添加蒙版

 提示：在添加图层蒙版时，不能在"背景"图层上添加。

6.2.2 编辑图层蒙版

对图层添加了图层蒙版后，可以对添加的图层蒙版进行停用、启用和删除等操作，也可以使用画笔工具对图像进行涂抹，让两个图像融合，具体步骤如下。

步骤1 选择工具箱中的画笔工具，设置画笔的笔触为"柔边圆"、"不透明度"值为80%、"流量"值为100，选择前景色为黑色，然后在图像窗口中人物图像的背景处进行涂抹，鼠标涂抹处将被屏蔽，显示下方图层中的内容，如图6-9所示。

步骤2 继续在图像背景的其他位置处涂抹，直至人物与背景图像合为一个整体，最终效果如图6-10所示。

图6-9 用画笔工具涂抹　　　　　　　图6-10 图像融合

1. 关闭蒙版

关闭蒙版的操作方法有以下几种，分别介绍如下。

方法一 执行"图层"→"图层蒙版"→"停用"命令。

方法二 在"图层"面板中选择需要关闭的蒙版，并在该图层蒙版缩览图处右击鼠标，在弹出的快捷菜单中选择"停用图层蒙版"命令。

方法三 按住【Shift】键的同时，单击该蒙版的图层蒙版缩览图，可快速关闭该蒙版；若再次单击该图层蒙版缩览图，则显示蒙版。

方法四 在"图层"面板中选择需要关闭的图层蒙版缩览图，单击"蒙版"面板底部的"停用/启用蒙版"按钮 。

 提示：关闭蒙版后，"图层"面板中添加的蒙版上将出现一个红色的交叉符号，即表示已经关闭该蒙版。

2. 删除蒙版

如果不满意添加的蒙版效果，可以将其删除。删除蒙版的操作方法有以下几种，分别介绍如下。

方法一 在"图层"面板选择需要删除的蒙版，并在该图层蒙版缩览图处右击鼠标，在弹出的快捷菜单中选择"删除图层蒙版"命令。

方法二 执行"图层"→"图层蒙版"→"删除"命令。

方法三 单击"蒙版"面板底部的"删除蒙版"按钮 。

方法四 在"图层"面板中选择该图层蒙版缩览图，并将其拖至面板底部的"删除图层"按钮处。

6.3 矢量蒙版

利用矢量蒙版可以显示或遮盖图层在路径中的内容。矢量蒙版与图层蒙版的主要区别在于，矢量蒙版与分辨率无关，它主要是通过钢笔工具或形状工具来创建的蒙版区域。

6.3.1 创建矢量蒙版

创建矢量蒙版之前，首先要使用钢笔工具或形状工具创建路径，完成路径创建后，在"图层"面板中创建矢量蒙版，具体操作步骤如下。

步骤 1 打开光盘中的素材文件6-04.jpg，按【Ctrl+J】组合键复制背景图层为"图层1"图层，选择工具箱中的自定形状工具，单击选项栏中的"路径"按钮，再单击"形状"下拉按钮，在列表框中选择形状"花1"，如图6-11所示。

步骤 2 在图像中绘制一个形状路径，如图6-12所示。

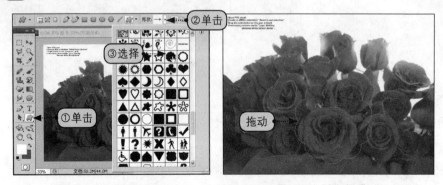

图6-11 选择路径形状　　　　　　　　图6-12 绘制路径

步骤 3　执行"窗口"→"蒙版"命令，打开"蒙版"面板，单击"蒙版"面板右上角的"添加矢量蒙版"按钮，如图6-13所示。

步骤 4　给图层添加矢量蒙版后，只显示出蒙版里面的图案，隐藏背景图层，如图6-14所示。

图6-13　"蒙版"面板

图6-14　添加蒙版

6.3.2　编辑矢量蒙版

对矢量蒙版进行编辑，可以得到特殊的效果，具体步骤如下。

步骤 1　选择"图层1"图层，单击"图层"面板底部的"添加图层样式"按钮 fx，在弹出的菜单中选择"投影"命令，将"扩展"设置为28%，"大小"设置为110，再选择"外发光"复选框，把颜色设置为橘色（R:255、G:178、B:103），"扩展"设置为2，"大小"设置为110，如图6-15所示。

步骤 2　显示出背景图层，编辑蒙版后效果如图6-16所示。

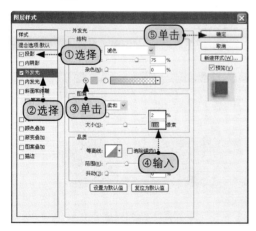

图6-15　"图层样式"对话框

图6-16　编辑蒙版

6.4　认识通道

了解通道之前首先要认识通道和了解"通道"面板，对通道有一定的了解后，才能熟练地应用。下面将对通道的概念及"通道"面板进行详细的介绍。

6.4.1 通道类型

通道作为图像的组成部分，与图像的格式是密不可分的。图像颜色模式的不同决定了通道的数量和模式，在"通道"面板中可直观地看到，通道主要分为颜色通道、临时通道、专色通道和Alpha通道。

1. 颜色通道

颜色通道用于保存图像的颜色信息，也称为原色通道。打开一幅图像，Photoshop会自动创建相应的颜色通道。所创建的颜色通道的数量取决于图像的颜色模式，而非图层的数量。

不同的原色通道保存了图像的不同颜色信息，如RGB模式图像中，红色通道用于保存图像中红色像素的分布信息；绿色通道用于保存图像中全部绿色像素的分布信息，因而通过修改各个颜色通道即可调整图像的颜色，但一般不直接在通道中进行编辑，而是在使用调整工具时，从通道列表中选择所需的颜色通道。

打开一幅图像文件，将其转换为RGB模式、CMYK模式、Lab模式，显示的"通道"面板分别如图6-17、图6-18、图6-19和图6-20所示。

图6-17　图像文件　　　　　　　　图6-18　RGB模式通道

图6-19　CMYK模式通道　　　　　　图6-20　Lab模式通道

 提示：灰度模式图像的颜色通道只有一个，用于保存图像的灰度信息；位图模式图像的通道只有一个，用于表示图像的黑白两种颜色；索引颜色模式通道只有一个，用于保存调色板中的位置信息。

2. Alpha通道

Alpha通道用于创建和存储蒙版。一个选区保存后，就成为一个蒙版保存在Alpha通道中，在需要时可以将其载入，以便继续使用。

Alpha通道是指特殊的通道，该通道可以看作一个8位的灰阶，可以变换出256个不同的灰阶层次，可以设置不透明度，具有蒙版的功能与特性，还可以用于存储选区并对选区进行编辑等操作。Alpha通道不会直接对图像的颜色产生影响。

3. 专色通道

专色是特殊的预混油墨，用于替换或补充印刷色（CMYK）油墨。为了使自己的印刷作品与众不同，往往会进行一些特殊处理，如增加荧光油墨或夜光油墨等，这些特殊颜色的油墨无法用三原色油墨混合而成，这时需要专色通道与专色印刷。

6.4.2 "通道"面板

"通道"面板一般是与"图层"面板、"路径"面板组合在一起的。如果要显示或隐藏"通道"面板，则执行"窗口"→"通道"命令即可。"通道"面板如图6-21所示。

① 通道名称：每个通道都有一个不同的名称以便区分。在新建Alpha通道时，若不为新通道命名，则Photoshop CS5会自动依序命名为Alpha 1、Alpha 2、……。如果新建的是专色通道，则Photoshop CS5自动依序命名为专色1、专色2、……，依次类推。需要注意的是，在任何图像颜色模式下（如RGB和CMYK等），"通道"面板中的各原色通道（如红、绿、蓝）和主通道（如RGB）都不能更改其名称。

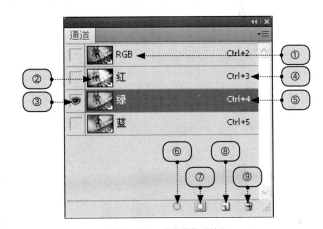

图6-21　"通道"面板

② 通道缩览图：在通道名称的左侧有一个通道缩览图，显示该通道中的内容，从中可以迅速辨识每个通道。在任意一个图像通道中进行编辑修改后，该通道缩览图中的内容都会随之改变。若对图层中的内容进行编辑修改，各原色通道的通道缩览图也会随之改变。

③ "指示通道可见性"图标 ：用于显示或隐藏当前通道，切换时只需单击该图标即可。需要注意，由于主通道和各原色通道的关系特殊，因此当单击隐藏某原色通道时，RGB主通道会自动隐藏。若显示RGB主通道，则各原色通道又会同时显示。

④ 通道快捷键：通道名称右侧的【Ctrl＋~】、【Ctrl＋1】等字样为通道快捷键，按下这些组合键可快速选中所指定的通道。

⑤ 当前通道：也称为活动通道，选中某一通道后，将以蓝色显示这一通道，因此称这一通道为当前通道。要将某一通道设为当前通道，只需单击该通道名称或使用通道组合键即可。

⑥ 将通道作为选区载入 ：单击此按钮可将当前作用通道中的内容转换为选取范围，或者将某一通道拖动至该按钮上来载入选取范围。

⑦ 将选区存储为通道：单击此按钮可以将当前图像中的选取范围转变成一个蒙版保存到新增的Alpha通道中。该功能与"选择"下拉菜单中的"保存选区"命令的功能相同，但使用此按钮将更加快捷。

⑧ 创建新通道：单击此按钮可以快速创建一个新通道。如果拖动某个通道至"创建新通道"按钮上就可以快速复制该通道。一个Photoshop文件最多支持53个通道，其中RGB文件能够支持50个附加的Alpha通道，而CMYK文件则支持49个附加通道。每新建一个Alpha通道将增加25%的文件大小，不过在图像打开的时候才会增加。

⑨ 删除当前通道：单击此按钮可以删除当前作用通道，或者用鼠标拖动通道到该按钮上也可以删除。不过复合通道（如RGB）不能删除。

6.5 通道的基本操作

前面介绍了Photoshop图像通道的基础知识，接下来介绍有关通道的基本操作，如通道的创建、复制、删除、分离和合并等操作。

6.5.1 创建Alpha通道

创建Alpha通道时，需要先创建所需的选区，再将其转换成Alpha通道储存起来，下面就来介绍Alpha通道的创建方法。

步骤1 打开光盘中的素材文件6-05.jpg，使用魔棒工具在图像窗口中创建一个选区，如图6-22所示。

步骤2 单击"通道"面板底部的"将选区存储为通道"按钮，创建Alpha 1通道，如图6-23所示。

图6-22 创建选区

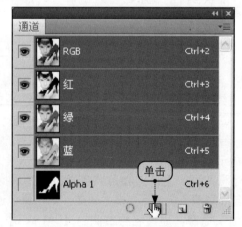

图6-23 创建Alpha 1通道

  提示：Photoshop CS5默认新建的通道为Alpha通道，也可以单击"通道"面板右上角的快捷按钮，然后在弹出的快捷菜单中选择"新建通道"命令来创建通道。

6.5.2　复制和删除通道

在编辑与处理图像效果时，可以根据需要对通道进行复制。复制通道可以是颜色通道，也可以是Alpha通道，或者是专色通道。复制通道时，只需将选择的通道拖动到〝创建新通道〞按钮上即可完成通道的复制，如图6−24和图6−25所示。

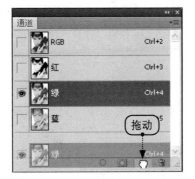

图6-24　拖动通道

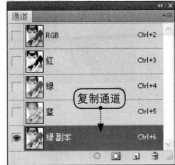

图6-25　复制通道

当不需要某些通道时，就可以将其删除，以减小文件大小。删除通道的操作与删除图层的操作几乎相同，只需要将通道拖到〝删除当前通道〞按钮上即可，如图6−26和图6−27所示。

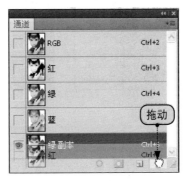

图6-26　拖动通道

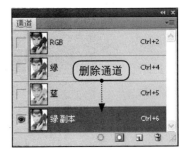

图6-27　删除通道

6.5.3　分离和合并通道

在Photoshop中，可以将拼合图像的通道分离为单独的图像，或者对分离的多个相同图像大小的通道进行合并，通过这些操作，可以使图像得到意想不到的效果，下面分别进行介绍。

1. 分离通道

可以对不同模式的图层执行分离通道操作，其分离的数量取决于当前图像的色彩模式。例如，对RGB模式的图像执行分离通道操作，可以得到R、G和B这3个单独的灰度图像。单个通道出现在单独的灰度图像窗口，新窗口中的标题栏显示原文件名，以及通道的缩写名或全名，下面介绍具体的操作方法。

步骤❶ 打开光盘中的素材文件6−06.jpg，如图6−28所示。

步骤❷ 单击〝通道〞面板右上角的选项按钮，弹出快捷菜单，选择〝分离通道〞命令，如图6−29所示。

步骤❸ 此时图像被分为3个单独通道的灰度图像，执行〝窗口〞→〝排列〞→〝平铺〞命令，如图6−30所示。

步骤❹ 在Photoshop界面中，可以完整地看到，此时图像分为3个图像文件，如图6−31所示。

图6-28　图片素材

图6-29　分离通道

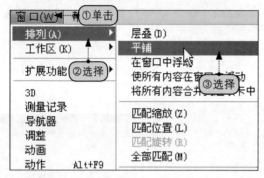

图6-30　平铺命令

图6-31　平铺窗口

2. 合并通道

对于分离通道产生的文件，在未改变这些文件尺寸的情况下，可以单击"通道"面板右上角的选项按钮，在弹出的菜单中选择"合并通道"命令，将分离的单独通道图像合并为一个整体。也可以对两个或3个同文件大小的文件分离其通道，再将分离的多个单独通道进行合并，成为一个文件，从而得到意想不到的图像合成效果，下面介绍具体的操作方法。

步骤1　打开光盘中的素材文件6-06.jpg，如图6-32所示。对素材文件执行分离通道操作（此时将得到3个单独的灰度图像）。

步骤2　选择任意单独通道的灰度图像，单击"通道"面板的选项按钮，在弹出的菜单中选择"合并通道"命令，弹出"合并通道"对话框，单击"模式"选项右侧的下三角按钮，在弹出的下拉列表中选择"RGB颜色"模式，单击"确定"按钮，如图6-33所示。

图6-32　灰度图像

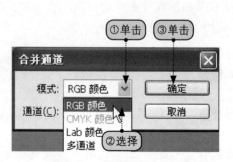

图6-33　"合并通道"对话框

步骤 3　弹出"合并RGB通道"对话框，单击"红色"选项右侧的下三角按钮，在弹出的下拉列表中选择6-06.jpg_G文件，设置"绿色"通道为6-06.jpg_B文件，"蓝色"通道为6-06.jpg_R文件，单击"确定"按钮，如图6-34所示。

步骤 4　将选择的3个灰度图像合并为一个图像，得到的图像如图6-35所示。

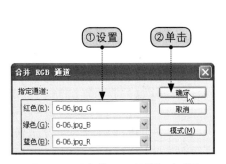

图6-34　"合并RGB通道"对话框　　　　　图6-35　合并后图像

技能实训　合成创意图像

通过本章内容的讲解，让读者对蒙版和通道有了一定的了解，下面将详细讲解如何更好地运用蒙版和通道来合成创意图像。

效果展示

本例完成前后对比效果如图6-36和图6-37所示。

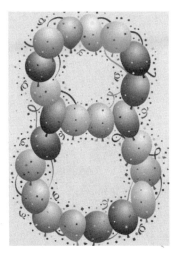

图6-36　原图　　　　　　　　图6-37　合成效果图

操作分析

在本实例中，首先通过通道来改变图像颜色，然后创建蒙版，选择前景色、画笔大小等，最后涂抹图像，使图像跟背景融合得当。

制作步骤

光盘同步文件

原始文件：光盘\素材文件\第6章\6-07.jpg、6-08.jpg、6-09.jpg

结果文件：光盘\结果文件\第6章\合成创意图像.psd

同步视频文件：光盘\同步教学文件\06 合成创意图像.avi

步骤 1 打开Photoshop CS5，打开光盘中的素材文件6-07.jpg，选择"通道"面板，单击"通道"面板右上角的选项按钮，在弹出的菜单中选择"分离通道"命令，如图6-38所示。

步骤 2 分离后得到3个单独通道的灰度图像，选择任意单独通道的灰度图像，单击"通道"面板选项按钮，在弹出的菜单中选择"合并通道"命令，如图6-39所示。弹出"合并通道"对话框，单击"模式"选项右侧的下三角按钮，在弹出的下拉列表中选择"RGB颜色"模式，单击"确定"按钮，如图6-40所示。

图6-38 分离通道

图6-39 合并通道

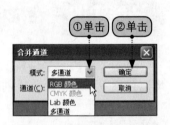
图6-40 "合并通道"对话框

步骤 3 弹出"合并RGB通道"对话框，单击"红色"选项右侧的下三角按钮，在弹出的下拉列表中选择6-07.jpg_R文件，设置"绿色"通道为6-07.jpg_B文件，"蓝色"通道为6-07.jpg_G文件，单击"确定"按钮，如图6-41所示。

步骤 4 将选择的3个灰度图像合并为一个图像，得到的图像如图6-42所示。

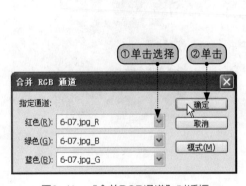
图6-41 "合并RGB通道"对话框

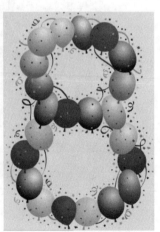
图6-42 合并后的图像

步骤 5 打开光盘中的文件6-08.jpg、6-09.jpg，使用工具箱中的移动工具把6-08.jpg拖动到6-07.jpg中，在"图层"面板中选择"图层1"图层，按【Ctrl+T】快捷键，进入自由变换状态，调整图片大小和位置，调整好后，按【Enter】键确定，如图6-43所示。

步骤 6 在"图层"面板中，选择"图层1"图层，单击"图层"面板底部的"添加图层蒙版"按钮，为"图层1"图层添加蒙版，如图6-44所示。

步骤 7 选择工具箱中的画笔工具，在其选项栏设置画笔样式为"柔边圆"，"大小"为80px，"硬度"为0%，如图6-45所示。

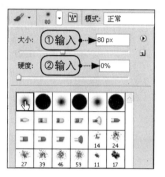

图6-43　移动图像　　　　图6-44　创建图层蒙版　　　　图6-45　设置画笔工具

步骤 8 设置前景色为黑色，使用画笔工具在图像中进行涂抹，涂抹至人物和背景图像融合，如图6-46所示。

步骤 9 利用相同的方法将文件6-09.jpg拖到6-07.jpg中，得到"图层2"图层，调整好大小后，再给"图层2"图层创建图层蒙版，与上面步骤一致，涂抹图像，直至把图片与背景图像融合，如图6-47所示。

图6-46　涂抹图像　　　　图6-47　完成涂抹

课堂问答

问题1：在快速蒙版中使用画笔工具，画笔的颜色可以不用设置吗？

答：需要设置。使用画笔工具调整蒙版时应注意，当前景色为白色时，使用画笔工具涂抹图像将清除蒙版，使选区扩大，如图6-48所示；当前景色为黑色时，涂抹图像可增加蒙版，如图6-49所示。

（a）涂抹蒙版

（b）得到选区

图6-48 "前景色"为白色时涂抹蒙版

（a）涂抹蒙版

（b）得到选区

图6-49 "前景色"为黑色时涂抹蒙版

问题2：矢量蒙版可以删除吗？

答：设置好矢量蒙版后，如果不需要再对其进行编辑，可以对矢量蒙版进行应用删除等操作。

问题3：如果想要将删除的通道找回来该怎么办？

答：在删除通道后，如果想要找回，可以按【Ctrl+Z】快捷键返回上一步操作。

知识能力测试

本章详细讲解了蒙版和通道的应用，为对知识进行巩固和测试，布置相应的练习题。

笔试题

一、填空题

(1) 在添加图层蒙版时，不能在_____图层上添加。

(2) Photoshop的通道可以分为_____通道、_____通道和_____通道3类。

(3) 对快速蒙版的编辑，主要是应用_____来对蒙版进行不同透明度的涂抹，凡被涂抹的地方都将作为选区。

二、选择题

(1) 使用画笔工具调整蒙版时应注意，当前景色为（　　　　）颜色时，使用画笔工具涂抹图像将清除蒙版，使选区扩大。

　　A. 黑色　　　　　　　B. 红色　　　　　　　C. 白色　　　　　　　D. 灰色

(2) 关闭蒙版后，图层面板中添加的蒙版上将出现一个（　　　　）符号，即表示已经关闭该蒙版。

　　A. 黑色缩略图　　　　B. 红色交叉　　　　　C. 红色横杠　　　　　D. 红色竖条

(3) 下面不属于通道的是（　　　　）。

　　A. 颜色通道　　　　　B. 路径通道　　　　　C. Alpha通道　　　　　D. 专色通道

上机题

打开两幅图像素材文件6-10.jpg和6-11.jpg，利用图层蒙版功能，将两幅图像进行蒙版合成，制作出特殊的"海市蜃楼"效果，把6-11.jpg拖到6-10.jpg文件中，得到"图层1"，在"图层1"图层中创建图层蒙版，把"前景色"设置为黑色，选择"画笔工具"，把"不透明度"设置为20%，在天空处涂抹，如图6-50所示。

(a) 6-10素材　　　　　　　　　(b) 6-11素材　　　　　　　　　(c) 合成图像

图6-50　合成图像

第7章

路径的使用方法

重点知识

- 了解路径
- 创建路径
- 编辑路径
- 使用"路径"面板
- 使用形状工具

难点知识

- 编辑路径
- 使用形状工具

本章导读

Photoshop虽然是一个以编辑和处理位图图像为主的平面设计软件，但它的矢量图绘制与编辑功能也非常强大。熟练地运用矢量图绘制工具，可以绘制出丰富多彩的图形，对画面起到画龙点睛的作用。

7.1 了解路径

虽然Photoshop CS5是一款位图处理软件，但是Photoshop CS5的路径绘制和编辑功能却不亚于矢量编辑软件CorelDRAW、Illustrator等。

7.1.1 路径的概念

所谓"路径"就是指一些不可打印并由若干锚点、线段（直线段或曲线段）所构成的矢量线条。路径由一个或多个直线段或曲线段组成，用锚点标记路径的端点，通过锚点可以固定路径、移动路径、修改路径长短，也可改变路径的形状，如图7-1（a）、（b）所示。

 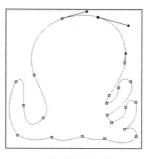

（a）路径线段 　　　　　　　　（b）路径锚点

图7-1 路径

7.1.2 路径的组成

路径是Photoshop最为重要的组成部分之一，利用路径可以建立不规则选区、编辑不规则图形等操作。

路径可以是闭合的，如绘制一个圆圈路径；也可以是开放的，带有明显的端点。在曲线段上，每个选中的锚点显示一条或两条方向线，方向线以方向点结束。方向线和方向点的位置决定路径曲线段的大小和形状，移动这些对象将改变路径中曲线的形状。直线段上则只有直线段与锚点。如图7-2所示为曲线路径与直线路径的组成。

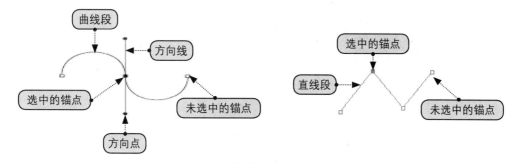

图7-2 曲线路径与直线路径的组成

1. 锚点

锚点又称为节点。在绘制路径时，线段与线段之间由一个锚点连接，锚点本身具有直线或曲线属性。当锚点显示为白色空心时，表示该锚点未被选取；而当锚点为黑色实心时，表示该锚点为当前选取的点。

2. 线段

两个锚点之间连接的部分就称为线段。如果线段两端的锚点都带有直线属性，则该线段为直线；如果任意一端的锚点带有曲线属性，则该线段为曲线。当改变锚点的属性时，通过该锚点的线段也会受影响。

3. 方向线

当用直接选择工具 🔼 或转换节点工具 🔼 选取带有曲线属性的锚点时，锚点的两侧便会出现方向线。用鼠标拖曳方向线末端的方向点，即可以改变曲线段的弯曲程度。

7.1.3 "路径"面板

在编辑路径时，一般需要配合"路径"控制面板进行操作。显示"路径"控制面板的方法为：选择"窗口"→"路径"菜单命令，调出"路径"控制面板如图7-3 (a) 所示。

创建出路径后，在"路径"控制面板上就会自动创建一个新的工作路径。通过该面板底部的系列按钮可对路径进行保存、填充、描边、复制、建立选区等操作。其按钮的作用如下。

- ➔ **用前景色填充路径** ：用设置好的前景色来填充当前的路径。删除路径后，填充色依然存在。
- ➔ **用画笔描边路径** ：根据设置好的画笔，用前景色沿路径描边。描边的大小由画笔大小决定。
- ➔ **将路径作为选区载入** ：将创建好的路径转换为选区。
- ➔ **从选区生成工作路径** ：将创建好的选区转换为路径。
- ➔ **创建新路径** ：可重新存储一个路径，与原路径互不影响，对存储若干路径时非常方便。当将路径拖曳到此按钮上时，又可复制该路径。
- ➔ **删除当前路径** ：删除当前路径。

如图7-3 (b) 所示为前景色填充路径效果，图7-3 (c) 所示为画笔描边路径效果。

(a) 路径面板　　　　　(b) 前景色填充路径　　　　(c) 画笔描边路径

图7-3 "路径"面板及编辑效果

7.2 创建路径

　　创建路径的工具主要有两种：一种是形状工具，另一种是钢笔工具。它们分别位于工具箱中部，是创建路径的主要工具。

7.2.1 绘制规则形状

　　形状工具是创建路径最主要的工具之一。当右击工具箱中的形状工具按钮 时，就会弹出形状系列工具组的快捷菜单，如图7-4所示。

> 提示：形状工具组中预设了很多常用的路径样式，每种样式都可通过选项栏的设置来得到不同的路径形状。

图7-4　形状工具

1. 矩形工具

　　矩形工具是创建矩形形状的路径工具。在其选项栏中，单击"几何选项"按钮 ·，弹出"矩形选项"框，在其中对矩形样式进行多种参数设置，以得到所需的矩形样式。矩形工具选项栏参数如图7-5所示。

➡ **不受约束**：这是默认选项，可创建出自由长宽比例的矩形路径。

➡ **方形**：创建的矩形路径均为正方形，长宽比为1:1。

➡ **固定大小**：可提前设置出矩形路径的宽度和高度。

➡ **比例**：可提前设置出矩形路径的宽度和高度比例。

➡ **从中心**：在创建矩形路径时，都是以鼠标单击的第一个地方为中心开始创建。

➡ **对齐像素**：使路径边缘与像素对齐。

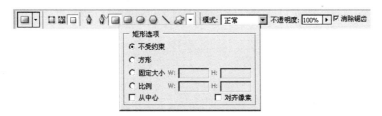

图7-5　矩形工具选项栏设置

2. 圆角矩形工具

　　矩形工具 ▣ 主要用于绘制矩形或正方形，圆角矩形工具 ▣ 可以绘制带有圆角的矩形，在绘制之前，可在选项栏中的"半径"选项中设置圆角矩形半径的大小。其半径越大，得到的矩形边角就越圆滑，具体使用方法如下。

步骤 1 打开光盘中的素材文件7−01.jpg，选择工具箱中的矩形工具，分别单击工具选项栏中的"路径"按钮 ▨ 和"重叠路径区域除外"按钮 ◱，如图7−6所示。

步骤 2 移动鼠标至图形窗口，在窗口左下角处单击鼠标并拖动，至合适位置后释放鼠标，绘制一个矩形路径，如图7−7所示。

步骤 3 选择工具箱中的圆角矩形工具，单击工具选项栏中的"路径"按钮，设置"半径"值为5cm，如图7−8所示。

图7−6 选取工具

图7−7 绘制矩形路径

图7−8 选取工具

步骤 4 移动鼠标至图形窗口，在置入图像的左上角处单击鼠标并向右下角拖动，绘制一个圆角矩形，如图7−9所示。

步骤 5 按【Ctrl+Enter】键将路径转换为选区，如图7−10所示。

步骤 6 将前景色设置为R：216、G：255、B：0，按【Alt+Delete】键填充选区，再按【Ctrl+D】快捷键取消选区，如图7−11所示。

图7−9 绘制圆角矩形路径

图7−10 将路径转换为选区

图7−11 填充颜色

3. 椭圆工具

使用椭圆工具 ◯ 可以绘制椭圆形或正圆形（按住【Shift】键的同时绘制图形，可绘制正圆形）。其使用方法与矩形工具的操作方法相同，只是绘制的形状不同，如图7−12和图7−13所示。

图7-12 创建路径　　　　　　　　　　　　图7-13 填充路径

4. 多边形工具

多边形工具是创建有多条边形状的路径工具。在其选项栏中，可设置多边的拐角样式和边数等参数。选项栏设置如图7-14所示。

- ➡ **边**：位于选项栏上的选项，用于设置多边形的边数。
- ➡ **半径**：设置多边形的半径大小，从而确定多边形的大小。
- ➡ **平滑拐角**：可创建出圆滑的拐角，成倒圆角形状。
- ➡ **星形**：当选择这个选项后，下面的两个选项将可用。
- ➡ **缩进边依据**：当选择"星形"选项后，该选项才可用。可设置星形的形状与尖锐度，以百分比的方式设置内外半径比。当边为5、"缩进边依据"设置为50%时，就可得到标准的五角星，绘制效果如图7-15所示。
- ➡ **平滑缩进**：当选择"星形"选项后，该选项才可用，用于将缩进的角变为圆角。

图7-14 多边形选项栏设置　　　　　　图7-15 绘制的五角星路径

5. 直线工具

直线工具是创建直线形状的路径工具。在其选项栏中，可设置箭头及线的粗细，如图7-16所示。

- ➡ **起点**：在起点设置箭头。
- ➡ **终点**：在终点设置箭头。
- ➡ **宽度**：以百分比表示，设置箭头与宽度的比率，比率越大，箭头就越大。
- ➡ **长度**：以百分比表示，设置箭头与长度的比率，比率越大，箭头就越大。
- ➡ **凹度**：设置箭头凹进的程度。
- ➡ **粗细**：位于选项栏上的选项，用于设置线条的粗细。

图7-16 直线工具选项栏及绘制的路径

 提示：按住【Shift】键时可绘制水平、垂直或45°角的直线。

7.2.2 绘制不规则形状

自定形状工具用于绘制各种不规则的形状，可以自己创建各式各样复杂的图形形状，也可以在其工具选项栏的"自定形状"面板中选择系统提供的多种形状，自定形状工具的具体使用方法如下。

步骤 1 打开光盘中的素材文件7-02.jpg，设置前景色为R:60、G:47、B:50，选择工具箱中的自定形状工具，如图7-17所示。

步骤 2 单击选项栏中的"填充像素"按钮，单击"形状"选项右侧的下拉按钮，在弹出的面板中单击向右箭头按钮并选择"全部"命令，如图7-18所示。

图7-17 设置颜色

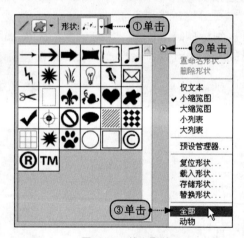

图7-18 载入形状

步骤 3 此时将弹出一个对话框，单击"确定"按钮，即可在"形状"面板中载入全部形状。单击选择"心形"形状，如图7-19所示。

步骤 4 移动鼠标至图像窗口，在窗口左上角处单击鼠标并拖动，绘制选择的形状，效果如图7-20所示。

 提示：当需要更多的路径形状时，只需单击面板右上侧的小三角符号，在弹出的快捷菜单中选择"载入形状"命令进行添加即可。如果需要恢复回到默认样式，可在快捷菜单中选择"复位形状"命令。

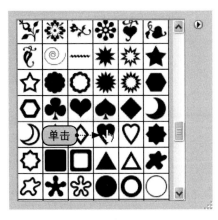

图7-19　选择形状

图7-20　绘制形状

7.2.3　钢笔工具

钢笔工具是最常用的路径绘制工具。在一般情况下，它可以在图像上快速创建各种不同形状的路径。

1．钢笔工具选项栏

当选取钢笔工具 时，便会激活钢笔工具选项栏，如图7-21所示。通过该选项栏，用户不仅可以创建路径或形状图层，而且还可以快速切换到磁性钢笔、几何路径等其他路径工具。

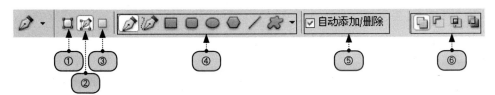

图7-21　钢笔工具选项栏

钢笔工具选项栏中相关按钮的作用及含义说明如下。

①形状图层：单击该按钮后，即可用钢笔或形状等路径工具在图像中添加一个新的形状图层。所谓形状图层就是用钢笔或形状工具创建的图层。创建的形状会自动以当前前景色进行填充，用户也可以很方便地改用其他颜色、渐变或图案来进行填充。

②路径：路径是出现在"路径"面板中的临时路径，用于定义形状的轮廓。当单击该按钮后，即可用钢笔或形状工具绘制出路径，而不会形成形状图层。

③填充像素：单击该按钮后，在绘制图像时既不产生路径，也不生成形状图层，而会在当前图层中创建一个由前景色填充的像素区域。该填充像素与将选区用前景色填充得到的效果完全相同。

④路径工具组：路径工具组包括钢笔、自由钢笔、矩形、圆角矩形、椭圆、多边形、直线和自定形状工具。用户在绘制路径过程中，可以通过该工具组快速切换到其他路径工具，而无需再到工具箱中选取。

⑤自动添加/删除：勾选该项，钢笔工具就具有了智能增加和删除锚点的功能。将钢笔工具放在选取的路径上，光标即可变为 形状，表示可以增加锚点；而将钢笔工具放在选

中的锚点上，光标即可变为 $\mathcal{Q}$ 形状，表示可以删除此锚点。

⑥路径布尔运算：此组按钮与选区工具选项栏中的按钮作用一样，可以对路径进行添加、减选、相交等处理。

2．绘制直线路径

选择钢笔工具后，在图像窗口中单击鼠标左键一次，确定路径的起始点，用鼠标在下一目标处单击，即可在这两点间创建一条直线段，通过相同的操作依次确定路径的相关节点。如果要封闭路径，可以将光标放置在路径的起始点上，当指针变成 $\mathcal{Q}$ 形状时，单击即可创建一条闭合路径，如图7-22所示。

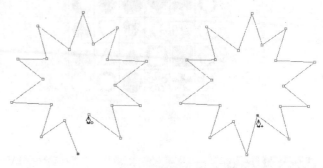

图7-22　绘制直线路径

 提示：在单击确定路径的锚点位置时，若按住【Shift】键，线段将以45°角的倍数移动方向。

3．绘制曲线路径

选择钢笔工具后，若需要创建曲线，在单击确定路径锚点时可以按住鼠标左键拖出锚点，这样，两个锚点间的线段为曲线线段。通过同样的操作，即可绘制出任何形状的曲线路径，如图7-23所示。

 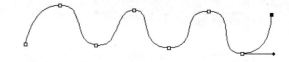

图7-23　绘制曲线路径

 提示：在绘制路径过程中按住【Ctrl】键，这时光标将呈 $\mathbb{k}$ 形状，拖动方向点或者锚点，即可改变路径的形状。改变方向线的长度或方向，就可以改变锚点间曲线段的斜率。方向线越长，曲线段也越长；方向线角度越大，曲线段斜率也越大。

7.2.4　自由钢笔工具

使用自由钢笔工具创建路径时，需要按住鼠标左键进行移动，当松开鼠标左键时，就结束了路径的创建。当将自由钢笔工具移动到起始点时，自由钢笔工具的旁边也会出现小圆圈符号，这时松开鼠标左键，就创建了封闭的路径。如果当前点没有和起始点重合，按住【Ctrl】键，自由钢笔工具的旁边也会出现小圆圈符号，松开鼠标左键也会自动连接两个端点。

如果要将开放式的路径闭合，只需按住鼠标左键，用自由钢笔工具在起始点与终止点之间拖出一条路径将这两端连接起来即可。

提示：自由钢笔工具创建的路径均为曲线线段，这些线段的锚点调节杆都是拐角式的。

7.3 "路径"面板的应用

利用"路径"面板有助于管理路径。通常，路径的创建、路径的复制和删除、路径的描边、路径的填充、路径的存储及其与选区的转换，都是通过"路径"面板完成的。

7.3.1 创建、复制和删除路径

在图像中创建路径后，路径会显示在"路径"面板中，如图7-24所示。利用该面板可以执行新建、复制、删除路径等操作。

图7-24 "路径"控制面板

1. 新建路径

单击"路径"控制面板底部的"创建新路径"按钮，即可建立新的工作路径。

提示：如果路径的格式与此处所列格式不同，则它通常不支持Mac与Windows之间的转换。

2. 复制路径

复制路径可以为路径制作副本，如果在副本上处理该形状的路径失败，则可以删除此路径，然后重新制作该路径的副本。

要复制路径，需先在"路径"面板中单击需要复制的路径，然后单击鼠标右键或"路径"面板右上角的按钮，在弹出的菜单中选择"复制路径"命令，打开如图7-25所示的"复制路径"对话框。在对话框中单击"确定"按钮，在"路径"面板中将出现一个新的路径。在如图7-26所示的"路径"面板中复制路径，结果如图7-27所示。

图7-25 "复制路径"对话框

图7-26 原"路径"面板

图7-27 复制路径后的"路径"面板

技巧：通过"路径"面板也可以复制路径，将要复制的路径拖到面板底部的"创建新路径"按钮 上即可。

3.删除路径

在"路径"面板中用鼠标右键单击需要删除的路径，然后在弹出的菜单中选择"删除路径"命令，即可删除该路径。

 提示：在"路径"面板上单击要删除的路径，然后单击"删除路径"按钮 ；或将要删除的路径拖到"删除路径"按钮 上，松开鼠标左键也可删除路径。

7.3.2 描边路径

画笔类工具可以使用前景色沿路径进行描边，描边的粗细及样式效果由画笔类工具的设置而决定。具体操作方法如下。

步骤① 选择画笔类工具，对路径描边的形状及相关参数进行设置，并设置好描边的前景色，然后选择自定形状路径中的相关路径，在图像窗口中绘制出相关的路径，效果如图7-28所示。

 提示：设定好所有的描边工具后，该工具的当前设置（如不透明度、笔刷大小、硬度等）将直接影响到描边效果。一般先在选项栏中设置工具属性（如画笔大小、形状、前景色以及混合模式等）再进行描边。

步骤② 单击"路径"面板右上角的 按钮，在弹出的快捷菜单中选择"描边路径"命令，如图7-29所示。

图7-28 绘制的路径　　　　图7-29 选择"描边路径"命令

步骤③ 在弹出的"描边路径"对话框中选择设置的描边工具，如画笔，然后单击"确定"按钮，如图7-30所示。经过以上操作步骤后，使用画笔进行路径描边后的效果如图7-31所示。

 提示：当绘制好路径后，用户也可以单击"路径"面板下的"用画笔描边路径"按钮 ，将路径直接以默认画笔样式进行描边。

图7-30　选择描边工具　　　　　图7-31　路径描边后的效果

7.3.3 填充路径

创建路径后，用户可以给路径填充颜色，也可以填充图案，具体操作方法如下。

步骤❶ 选择路径工具，在图像窗口中绘制出相关的路径，效果如图7-32所示。

步骤❷ 单击"路径"面板右上角的 按钮，在弹出的快捷菜单中选择"填充路径"命令，如图7-33所示。

图7-32　绘制的路径　　　　　图7-33　选择"填充路径"命令

步骤❸ 在弹出的"填充路径"对话框中，在"内容"栏中选择路径填充的内容，如"前景色"然后根据需要设置混合模式及羽化半径。设置好后单击"确定"按钮，如图7-34所示。经过以上操作步骤后，路径填充前景色后的效果如图7-35所示。

 技巧：当绘制好路径后，用户也可以单击"路径"面板下的"用前景色填充路径"按钮 ，将路径直接以前景色进行填充。另外，在填充开放式路径时，会自动以直线方式将第一个锚点和最后一个锚点连接，并填充颜色。

图7-34　设置填充内容　　　　　图7-35　路径填充后的效果

提示：对路径进行描边或进行填充后，其颜色及图案内容默认显示在"图层"面板的背景图层上。为了方便编辑操作，用户也可以在描边或填充路径之前新建一个单独的图层，用于存放描边或填充内容。

7.3.4 将路径转换为选区

在Photoshop CS5中，选区可以转换为路径，路径也同样可以转换为选区。将路径转换为选区的方法如下。

步骤 1 选择路径工具，在图像窗口中绘制出相关的路径，效果如图7-36所示。

步骤 2 单击"路径"面板右上角的 按钮，在弹出的快捷菜单中选择"建立选区"命令，如图7-37所示。

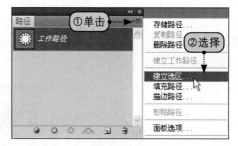

图7-36　绘制的路径　　　　图7-37　选择"建立选区"命令

步骤 3 在弹出的"建立选区"对话框中输入选区的羽化半径，如1个像素，然后单击"确定"按钮，如图7-38所示。经过以上操作步骤后，路径转换为选区后的效果如图7-39所示。

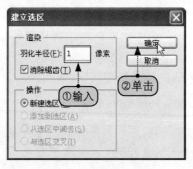

图7-38　设置羽化半径　　　　图7-39　路径转换为选区后的效果

提示：当绘制好路径后，用户也可以单击"路径"面板下的"将路径作为选区载入"按钮 ，将路径直接转换为选区。

7.3.5 存储路径

工作路径是一种临时性的路径，其临时性体现在当创建新的工作路径时，现有的工作路径就会被删除，而且系统将不会做任何提示。如果以后还有可能用到当前工作路径，就应该将其保存。

在"路径"面板中选择需要保存的工作路径，单击面板右上角的三角形按钮，然后在弹出的菜单中选择"存储路径"命令，打开如图7-40所示的"存储路径"对话框。在对话框中输入路径的名称，并单击"确定"按钮，这样就可以将工作路径保存为一个指定名称的永久性路径了。

图7-40 "存储路径"对话框

 提示：如果想要更加快捷地保存路径，可以在"路径"面板中将工作路径名称拖动到面板底部的"创建新路径"按钮上，系统会直接将其命名为"路径1"、"路径2"之类的默认名称。

技能实训 制作一个标志

通过本章内容的讲解，用户对路径的创建、组成与编辑有了一定的了解，下面将详细讲解如何用路径工具制作标志。

效果展示

本例将完成的效果如图7-41所示。

图7-41 标志

操作分析

本实例主要讲解制作标志，制作标志首先要新建一个图层；然后使用路径工具绘制路径，对路径进行编辑，并将路径转换为选区；最后填充选区。

制作步骤

光盘同步文件

原始文件：无

结果文件：光盘\结果文件\第7章\制作标志.psd

同步视频文件：光盘\同步教学文件\07 制作标志.avi

步骤 1 按【Ctrl+N】组合键新建一个宽度为600像素、高度为600像素、背景内容为白色的文件，单击"确定"按钮，如图7-42所示。

步骤 2 选择工具箱中的椭圆工具，分别单击工具选项栏中的"路径"按钮 和"重叠路径区域除外"按钮 ，在图像中绘制路径，如图7-43所示。

步骤 3 按【Ctrl+Enter】快捷键将路径转换为选区，如图7-44所示。

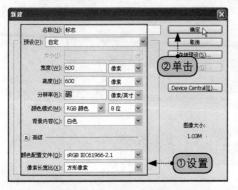

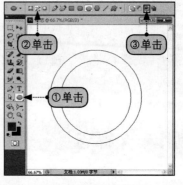

图7-42 "新建"对话框 　　图7-43 绘制路径 　　图7-44 将路径转换为选区

步骤 4 选择工具箱中的渐变工具，在其选项栏中单击渐变色标，在弹出的"渐变编辑器"中选择预设好的"橙，黄，橙渐变"，如图7-45所示。

步骤 5 拖动渐变工具填充选区，按【Ctrl+D】快捷键取消选区，如图7-46所示。

步骤 6 选择工具箱中的钢笔工具，绘制以下路径，如图7-47所示。

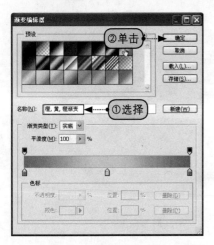

图7-45 选择填充方式 　　图7-46 填充选区 　　图7-47 绘制路径

步骤 7 在"路径"面板中选择当前工作路径，单击面板底部的"将路径作为选区载入"按钮，如图7-48所示。

步骤 8 在工具箱中选择渐变工具，在"渐变编辑器"中选择渐变的颜色为"橙，黄，橙渐变"，然后在图中拖动渐变工具填充选区，按【Ctrl+D】快捷键取消选区，如图7-49所示。

图7-48 将路径转换为选区

图7-49 填充选区

课堂问答

本章主要讲解了路径的组成、创建，以及钢笔工具和"路径"面板等内容，下面列出一些常见的问题供学习参考。

问题1：在使用自定形状工具时，当需要更多的路径形状时怎么设置？

答：当需要更多的路径形状时，只需单击面板右上侧的小三角符号，在弹出的快捷菜单中选择"载入形状"命令进行添加即可，如图7-50所示。如果需要恢复到默认样式，可在快捷菜单中选择"复位形状"命令，如图7-51所示。

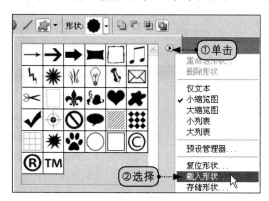

图7-50 载入形状

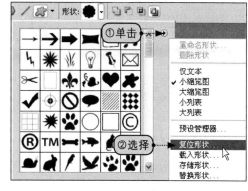

图7-51 复位形状

问题2：复制路径时，除了在面板中选择"复制路径"命令外，还有哪种方法？

答：通过"路径"面板也可以复制路径，将要复制的路径拖到面板底部的创建新路径按钮上即可。

问题3：将路径转换为选区，转换后的路径就不存在了吗？

答：路径转换为选区后并没有删除路径本身，在处理图像时可以多次相互转换。按【Ctrl+Enter】键可快速将路径转换为选区。

知识能力测试

本章讲解了路径的使用。为对知识进行巩固和测试，布置相应的练习题。

笔试题

一、填空题

（1）按_____键可快速将路径转换为选区。

（2）路径是由一些点、直线段和曲线段组成的_____对象。

（3）在单击确定路径的锚点位置时，若按住_____键，则线段会以45°角的倍数移动方向。

二、选择题

（1）下列（   ）工具不能用于创建路径。

    A．铅笔工具　　　　B．钢笔工具　　　　C．直线工具　　　　D．矩形工具

（2）下面（   ）工具可以在路径上添加和减少锚点。

    A．转换点工具　　　　　　　　　　B．移动工具

    C．路径直接选择工具　　　　　　　D．钢笔工具

（3）在钢笔工具状态下，按住（   ）键可以临时切换到转换点工具。

    A．【Shift】　　　　B．【Ctrl】　　　　C．【Tab】　　　　D．【Alt】

上机题

打开光盘中的素材文件7-03.jpg，如图7-52所示。单击工具箱中的自由形状工具，选择"红心形卡"，在图像中拖动创建形状路径，设置前景色为桃红色（R:255、G:0、B:198），在"路径"面板中单击"用前景色填充路径"按钮；设置画笔大小为9px、画笔硬度为0%，把前景色设置为粉色（R:255、G:200、B:238），单击"路径"面板中的"用画笔描边路径"按钮，完成的效果如图7-53所示。

图7-52　原图　　　　　　　　　　　　　图7-53　创建与填充路径

第8章 文字的创建与处理

Photoshop CS5中文版标准教程（超值案例教学版）

重点知识

- 点文字的基本操作
- "字符"与"段落"面板的运用

难点知识

- 输入文字和编辑文字
- 文字载入路径
- 蒙版文字的创建

本章导读

本章主要介绍文字工具的应用，重点掌握点文本、段落文本的创建与应用，能对文字进行各类排版和特殊效果处理，在图像的编辑操作中能自由灵活地应用这些工具。Photoshop CS5中的"文字工具"可以起到画龙点睛的作用，在制作完成的图像中输入合适的文字，可以对整个图像效果起到重要的作用。

8.1　点文字的基本操作

文字在Photoshop CS5中可以起到画龙点睛的作用，基本操作包括创建文字、设置字体大小和方向、颜色等内容。

8.1.1　创建点文字

点文字的文字行是独立的，即文字行的长度随文本的增加而变长，不会自动换行，因此，如果在输入点文字时，要进行换行，必须按回车键。

1. 输入横排点文字

使用工具箱中的横排文字工具 T，可以在图像窗口中的指定位置输入横排点文字，下面介绍具体的操作方法。

步骤❶ 打开光盘中的素材文件8-01.jpg，在工具箱中选择横排文字工具，移动鼠标至图像窗口，在需要输入文字的位置处单击鼠标，确认插入点，如图8-1所示。

步骤❷ 此时在鼠标单击点处出现闪烁的文字插入光标，选择一种输入法后即可输入文字，在输入文字时，光标的显示状态如图8-2所示。输入完成后，选择工具箱中的"选择工具"，或单击选项栏中的"提交所有当前编辑"按钮✓，确认输入的文字。

图8-1　插入点　　　　　　　　　　　　　　图8-2　输入文字

2. 输入直排点文字

使用直排文字工具 IT 可以输入直排文字，其操作方法与横排文字工具相同，只是创建的文字方向不同而已，下面介绍具体的操作方法。

步骤❶ 打开光盘中的素材文件8-02.jpg，选择工具箱中的直排文字工具，移动鼠标至图像窗口，此时鼠标指针呈 ↔ 形状，单击鼠标确认插入点，如图8-3所示。

步骤❷ 输入文字，完成后按【Ctrl+Enter】快捷键确认输入文字，效果如图8-4所示。

图8-3　插入点　　　　　　　　　图8-4　输入文字

8.1.2　编辑点文字

在图像中输入文字内容后，还可以进行相关的编辑，如更改文字字体、文字大小等格式。

1．改变字体

使用文字工具选择要改变字体的文字，如果要改变当前层的所有文字字体，可选择文字工具，在选项栏中的"字体"下拉列表中选择字体即可，如图8-5所示。

2．改变大小

使用文字工具选择要改变字体的文字，如果要改变当前层的所有文字字体，可选择文字工具，在选项栏中的"字体大小"下拉列表中选择字体大小即可，如图8-6所示。

图8-5　选择字体　　　　　　　　　　图8-6　改变大小

3．文字载入路径

文字载入路径功能非常有用，可使输入的文字按照已有的矢量图沿线进行排列，制作出特殊的文字效果。使用工具箱中的文字工具在矢量图上进行输入，下面介绍具体的操作方法。

步骤❶ 打开光盘中的素材文件8-03.jpg，单击工具箱中的多边形路径工具 ，在其选项栏中的"形状"下拉列表中选择"红心形卡"形状，在文件中绘制出心形，如图8-7所示。

步骤❷ 单击工具箱中的横排文字工具 T ，在红心形卡路径上单击设定文字输入起点并输入文字，新输入的文字将自动沿红心矢量图进行排列，删除红心矢量图后，制作出用文字描边的红心效果图，如图8-8所示。

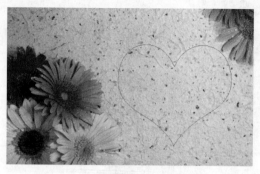

图8-7　创建路径　　　　　　　　　　　　　　图8-8　在路径中输入文字

8.2　创建段落文字

　　使用文字工具输入段落文字时，文字会基于设定的文字框进行自动换行。可以根据需要自由调整段落定界框的大小，使文字在调整后的矩形框中重新排列。

8.2.1　段落文字的输入

　　Photoshop CS5的段落文本是以文本框的形式输入文字，从而控制文字在图像中的输入范围。使用文字工具创建段落文字，下面介绍具体的操作方法。

　　步骤1 打开光盘中的素材文件8-04.jpg，单击工具箱中的横排文字工具，按住鼠标左键在图像上拖出定义文本框，松开鼠标后，在文本框左上角出现输入提示符，如图8-9所示。

　　步骤2 在属性栏中设置"字体"为"宋体"，"字号"为10px，然后输入文字，输入完毕后，按【Ctrl+Enter】快捷键确认输入，完成的效果如图8-10所示。

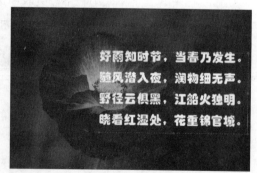

图8-9　拖出文本框　　　　　　　　　　　　图8-10　输入文字

8.2.2　点文字和段落文字的互换

　　输入完成的点文字可以转换为段落文字，进行各种段落文字属性的编辑。执行"图层"→"文字"→"转换为段落文本"命令即可，或者在"图层"面板中选择文字图层，单击鼠标右键，在弹出的快捷菜单中选择"转换为段落文本"选项，此时当前文字图层即被转换为段落文字。

段落文字也可以自由转换为点文字，从而进行点文字的各种操作。执行〝图层〞→〝文字〞→〝转换为点文字〞命令，段落文字即可转换为点文字。或者在〝图层〞面板中选择段落文字图层，单击鼠标右键，在弹出的快捷菜单中选择〝转换为点文本〞选项。

8.3　〝字符〞与〝段落〞面板

通过〝字符〞与〝段落〞面板，可以对创建的文字与段落进行详细的编辑，例如设置文字大小、行距、间距等。

8.3.1　〝字符〞面板

编辑文字属性不仅可以在文字工具的属性栏中进行更改，还可以使用〝字符〞面板中的选项对文字进行编辑。通过该面板，可以对文本的字体、字间距、行间距、缩放比例和文本颜色等进行编辑。

执行〝窗口〞→〝字符〞命令，弹出〝字符〞面板，如图8-11所示。

下面介绍该面板中主要选项的含义。

① 设置字体系列和字体样式：在字体系列的下拉列表中选择需要的字体系列，更改文字的字体和字体样式。

② 设置文字大小：在其下拉列表中选择预设的文字大小值，也可以在文本框中输入大小值，对文字的大小进行设置。

③ 设置行距：使用文字工具进行多行文字的创建时，可以通过面板中的〝设置行距〞选项对多行的文字间距进行设置，在其下拉列表中选择固定的行距值，也可以在文本框中直接输入数值进行设置，输入的数值越大，则行间距越大。

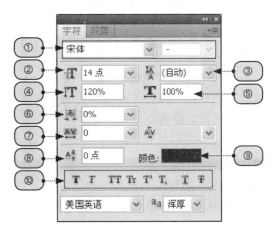

图8-11　〝字符〞面板

④ 垂直缩放：选中需要进行缩放的文字后，垂直缩放的文本框显示为100%，可以在文本框中输入任意数值来对选中的文字进行垂直缩放。

⑤ 水平缩放：选中需要进行缩放的文字后，水平缩放的文本框显示默认值为100%，可以在文本框中输入任意数值来对选中的文字进行水平缩放。

⑥ 设置所选字符的比例间距：选中需要进行比例间距设置的文字，在其下拉列表中选择需要变换的间距百分比，百分比越大，比例间距越近。

⑦ 设置所选字符的字距调整：选中需要设置的文字后，在其下拉列表中选择需要调整的字距数值。

⑧ 设置基线偏移：在该选项中可以对文字的基线位置进行设置，输入不同的数值来设置基线偏移的程度，输入负值可以将基线向下偏移，输入正值则可以将基线向上偏移。

⑨ 设置文本颜色：在面板中直接单击颜色块可以弹出〝选择文本颜色〞对话框，在该对话框中选择适合的颜色即可完成对文本颜色的设置。

⑩设置特殊文本样式：通过单击面板中的按钮可以对文字进行仿粗体、仿斜体、全部大写字母、小型大写字母、设置文字为上标、设置文字为下标、为文字添加下划线、删除线等设置。

8.3.2 "段落"面板

"段落"面板能够对文字的对齐方式和段落格式进行具体的设置，通过"段落"面板能够实现对文本或段落文字的多种对齐，能够进行段落左右缩进和段首缩进，能够在段前和段后添加空白行。

执行"窗口"→"段落"命令，弹出"段落"面板，如图8-12所示。

① 对齐方式：在"段落"面板的首行选项按钮中，提供了7个对齐按钮可供选择，分别是"左对齐文本" ▤、"居中对齐文本" ▤、"右对齐文本" ▤、"最后一行左对齐" ▤、"最后一行居中对齐" ▤、"最后一行右对齐" ▤和"全部对齐" ▤按钮。

② 面板菜单：单击"段落"面板右上角的面板菜单按钮▤，可以将面板的菜单打开。在面板菜单中，可以对段落进行不同的设置。

③ 左缩进和右缩进：在左缩进和右缩进后的文本框中输入数值可以对段落文字进行单行或是整段文字的缩进。

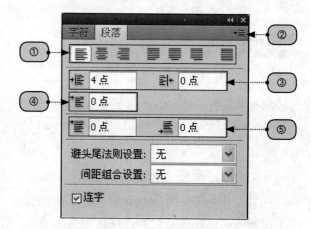

图8-12 "段落"面板

④ 首行缩进：在"段落"面板中可以对段落文字的首行缩进进行单独控制，直接输入缩进量即可进行设置。

⑤ 在段前和段后添加空格：在设置段落文字时，段落间的间隔位置同样很重要，要在段前和段后添加空格，在文本框中输入点数即可对段前和段后的位置进行设置。

8.4 蒙版文字的创建

文字蒙版与快速蒙版极其相似，即都是一种临时性的蒙版。通过横排文字蒙版或竖排文字蒙版工具可以快速创建出文字选区。

8.4.1 创建横排蒙版文字

选择工具箱中的横排文字蒙版工具，在图像中单击并输入文本，即可得到横排文字蒙版选区。具体创建方法如下。

步骤① 打开光盘中的素材文件8-05.jpg，选择工具箱中的横排文字蒙版工具，在选项栏中，在"字体"下拉列表框中选择Broadway字体，把"字体大小"设置为72点，在图像窗口中需要输入文字的位置单击鼠标左键，确定文字输入起点，然后进行文字内容的输入，如图8-13所示。

步骤 2 输入文字内容后，按【Ctrl+Enter】快捷键，创建的文字选区效果如图8-14所示。

图8-13 输入文字　　　　　　图8-14 创建文字选区

提示：当文字蒙版选区处于红色蒙版状态时，可对其进行所有字符格式的设置操作，而当其退出文字输入状态后，则仅对文字选区进行编辑操作。

8.4.2 创建直排蒙版文字

单击工具箱中的直排文字蒙版工具，其他的操作与横排文字蒙版工具一样，不同的是，直排文字蒙版工具创建的文字蒙版为纵向排列，具体效果如图8-15和图8-16所示。

图8-15 输入文字　　　　　　图8-16 创建文字选区

8.5 文字的特殊编辑

在图像中输入文字后，还可以对已输入的文字进行特殊编辑处理，包括文字变形、对输入的文字应用文字样式以及栅格化文字等。

8.5.1 文字变形

在Photoshop CS5中，文字变形就是将选取的文字在水平方向上或垂直方向上进行各种扭曲，以产生不同形状的文字效果。创建文字变形样式的具体方法如下。

步骤1 打开光盘中的素材文件8-06.jpg，选择工具栏中的横排文字工具，创建文字，单击选项栏中的"创建文字变形"按钮 ，如图8-17所示。

步骤2 在弹出"变形文字"对话框中的"样式"下拉列表中选择变形样式，如"旗帜"，然后根据需要调整旗帜变形的相关参数，如方向、弯曲度等，设置好后单击"确定"按钮，如图8-18所示。

图8-17　创建文字　　　　　　　　　图8-18　"变形文字"对话框

步骤3 设置变形样式为"旗帜"时的效果如图8-19所示。

 提示：设置文字变形的文本图层和普通文本图层的缩览图有所区别，"图层"面板如图8-20所示。

图8-19　文字变形效果　　　　　　　　图8-20　"图层"面板

8.5.2 应用文字样式

在图像中输入文字内容后，也可以对文字图层应用相关的图层样式，以创建特殊文字效果。为文字图层添加图层样式的方法和普通图层一样，而且文字属性不会改变，仍可以进行文字的编辑与排版。对文字图层应用图层样式的方法如下。

步骤❶ 执行"窗口"→"样式"命令，打开"样式"面板，单击面板右上角的■按钮，在打开的快捷菜单中选择"文字效果"选项，在弹出的对话框中单击"追加"按钮，如图8-21所示。

步骤❷ 在"图层"面板中单击选择文字图层，在"样式"面板中单击"喷溅蜡纸"样式按钮，完成的效果如图8-22所示。

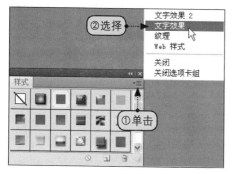

图8-21 选择文字效果

图8-22 应用"喷溅蜡纸"样式

8.5.3 栅格化文字

直接在图像中选择文字工具输入的点文字和段落文字属于矢量图文字。将文字栅格化后，文字就由矢量图变成位图了，这样有利于使用滤镜等其他命令，以制作出更丰富的文字效果。文字被栅格化后，就不能返回矢量文字的可编辑状态，也就不存在字体的约束了。栅格化字体的方法如下。

步骤❶ 选择要栅格化的文字图层，"图层"面板如图8-23所示。

步骤❷ 执行"图层"→"栅格化"→"文字"命令，文字即被栅格化，如图8-24所示。

图8-23 原文字图层

图8-24 栅格化后的文字图层

技能实训　制作彩色水晶字

通过本章内容的讲解，让读者对文字的创建与编辑有了一定的了解，下面将详细讲解如何使用文字工具和图层样式制作彩色水晶字效果。

效果展示

本例将完成的效果前后对比如图8-25和图8-26所示。

图8-25　原图　　　　　　　　　　　图8-26　彩色水晶文字效果

操作分析

在本实例中，首先使用文字工具创建文字，再为文字图层添加图层样式，最后利用图层样式中的参数，制作出彩色水晶字体。

制作步骤

光盘同步文件

原始文件：光盘\素材文件\第8章\8-07.jpg
结果文件：光盘\结果文件\第8章\制作彩色水晶字.psd
同步视频文件：光盘\同步教学文件\08 制作彩色水晶字.avi

步骤 1 执行"文件"→"新建"命令，在弹出的对话框中，将"宽度"设置为800像素，"高度"设置为600像素，设置完成后单击"确定"按钮，如图8-27所示。

步骤 2 把背景填充为黑色，然后单击工具箱中的横排文字工具，在图像窗口中输入CRYSTAL，把"字体"设置为Cooper Black，"字体大小"设置为45点，效果如图8-28所示。

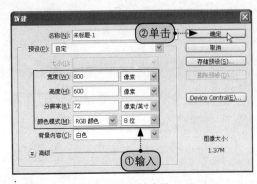

图8-27　新建文件　　　　　　　　　图8-28　输入文字

步骤 3 在 "图层" 面板中单击底部的 "添加图层样式" 按钮 **fx.**，在弹出的菜单中选择 "渐变叠加" 命令，单击 "渐变" 后的色彩编辑框后弹出 "渐变编辑器" 对话框，单击渐变条下的空白处即可添加色标，添加4个色标后依次为色标设置颜色，颜色依次是① "位置" 为0，"颜色" 为蓝色（R:196、G:231、B:255），② "位置" 为20，"颜色" 为绿色（R:116、G:255、B:168），③ "位置" 为40，"颜色" 为粉色（R:255、G:153、B:242），④ "位置" 为60，"颜色" 为橙色（R:255、G:200、B:153），⑤ "位置" 为80，"颜色" 为黄色（R:251、G:255、B:153），⑥ "位置" 为100，"颜色" 为蓝色（R:180、G:248、B:242），单击 "确定" 按钮，如图8-29所示。

步骤 4 在 "渐变叠加" 选项卡中把 "不透明度" 设置为80%，"样式" 设置为 "径向"，"角度" 设置为12度，"缩放" 设置为150%，如图8-30所示。

图8-29　"渐变编辑器" 对话框

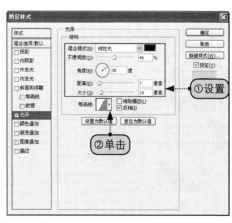

图8-30　设置 "渐变叠加" 选项卡

步骤 5 设置完成后单击 "确定" 按钮，得到的效果如图8-31所示。

步骤 6 在 "图层样式" 对话框左侧的效果列表框中选择 "光泽" 选项，把 "混合模式" 设置为 "线性光"，"不透明度" 设置为46%，"角度" 设置为38度，"距离" 设置为7像素，"大小" 设置为10像素，如图8-32所示。

图8-31　"渐变叠加" 效果

图8-32　设置 "光泽" 选项卡

步骤 7 单击"等高线"后的图标，弹出"等高线编辑器"对话框，单击曲线增加点，参数依次设置为① "输入"为0%，"输出"为9%，② "输入"为12%，"输出"为30%，③ "输入"为22%，"输出"为70%，④ "输入"为40%，"输出"为13%，⑤ "输入"为50%，"输出"为69%，⑥ "输入"为89%，"输出"为49%，⑦ "输入"为100%，"输出"为100%，设置完成后单击"确定"按钮，如图8-33所示。

步骤 8 单击"确定"按钮后得到的效果如图8-34所示。

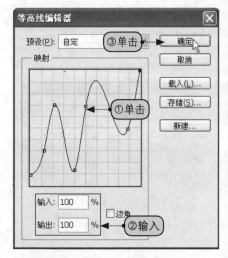

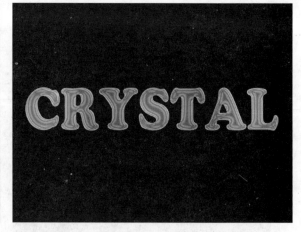

图8-33 "等高线编辑器"对话框　　　　　　　　图8-34 "光泽"效果

步骤 9 在"图层样式"对话框左侧的效果列表框中选择"内发光"选项，把"混合模式"设置为"强光"，"不透明度"设置为65%，"阻塞"设置为2%，"大小"设置为5像素，如图8-35所示。设置完成后单击"确定"按钮，得到的效果如图8-36所示。

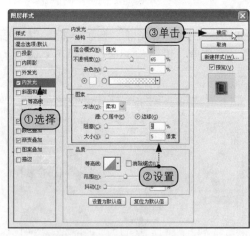
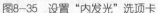

图8-35 设置"内发光"选项卡　　　　　　　　图8-36 "内发光"效果

步骤 10 在"图层样式"对话框左侧的效果列表框中选择"内阴影"选项，把"混合模式"设置为"亮光"，"不透明度"设置为35%，"距离"设置为10像素，"大小"设置为59像素，"杂色"设置为2%，如图8-37所示。

步骤 11 单击"等高线"后的图标，弹出"等高线编辑器"对话框，单击曲线增加点，参数依次设置为① "输入"为0%，"输出"为100%，② "输入"为14%，"输出"

为100%，③"输入"为21%，"输出"为54%，④"输入"为42%，"输出"为70%，⑤"输入"为80%，"输出"为79%，⑥"输入"为100%，"输出"为0%，设置完成后单击"确定"按钮，如图8-38所示。

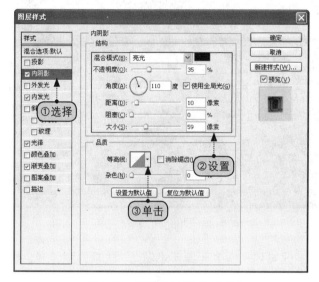

图8-37　设置"内阴影"选项卡

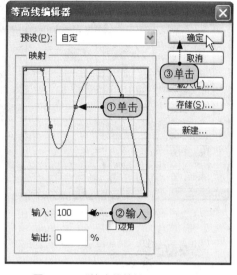

图8-38　"等高线编辑器"对话框

步骤12 单击"确定"按钮后得到的效果如图8-39所示。

步骤13 在"图层样式"对话框左侧的效果列表框中选择"斜面和浮雕"选项，把"样式"设置为"枕状浮雕"，"不透明度"设置为40%，"大小"设置为29像素，设置"斜面和浮雕"效果的目的是为了添加字体的高光，如图8-40所示。

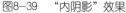

图8-39　"内阴影"效果

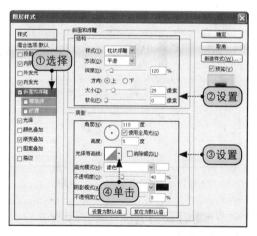

图8-40　设置"斜面和浮雕"选项卡

步骤14 单击"光泽等高线"后的选框，弹出"等高线编辑器"对话框，单击曲线增加点，参数依次设置为①"输入"为13%，"输出"为0%，②"输入"为18%，"输出"为31%，③"输入"为33%，"输出"为96%，④"输入"为38%，"输出"为73%，⑤"输入"为44%，"输出"为52%，⑥"输入"为54%，"输出"为69%，⑦"输入"为66%，"输出"为99%，⑧"输入"为87%，"输出"为1%，⑨"输入"为100%，"输出"为100%，如图8-41所示。

步骤 15 设置完成后单击"确定"按钮，得到的效果如图8-42所示。

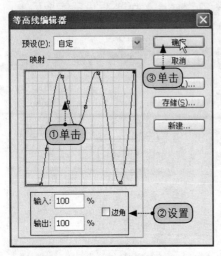

图8-41 "等高线编辑器"对话框   图8-42 "斜面和浮雕"效果

步骤 16 在"图层样式"对话框左侧的效果列表框中选择"外发光"选项，把"混合模式"设置为"排除"，"不透明度"设置为75％，"扩展"设置为0％，"大小"设置为20像素，"范围"设置为75％，"抖动"设置为95％，如图8-43所示。设置完成后单击"确定"按钮，得到的效果如图8-44所示。

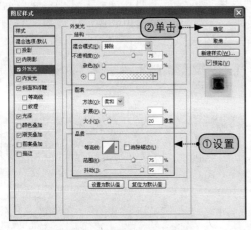

图8-43 设置"外发光"选项卡   图8-44 "外发光"效果

步骤 17 打开光盘中的素材文件8-07.jpg，选择工具箱中的"移动工具"，把素材文件拖到水晶字文件内得到"图层1"图层，按【Ctrl+T】组合键调整"图层1"图层大小，如图8-45所示。调整完成后把"图层1"图层置于文字图层下方，得到的效果如图8-46所示。

图8-45 改变图像大小

图8-46 水晶字效果

课堂问答

本章主要讲解了如何使用文字工具输入点文字和段落，以及如何设置文字的样式和将文字进行特殊效果处理等内容，下面列举出一些常见的问题供读者学习参考。

问题1：当文字工具处于选中状态时，如果要执行其他操作，该怎么办？

答：如果想要执行其他操作，必须提交对文字图层的编辑后才能执行。

问题2：为什么输入段落文字时只能输入一小段呢？

答：当输入的段落文字超出了该文本框所能容纳的文字数量，则在文本框右下角会出现一个溢流图标⊞，提醒用户有多余的文本没有显示出来。

问题3：为什么创建的文字不是新建图层，而是在背景上呢？

答：在Photoshop中，因为"多通道"、"位图"、"索引颜色"模式不支持图层，所以不会为这些模式中的图层创建文字图层，在这些图像模式中，文字显示在背景上。

知识能力测试

本章讲解了文字的输入、编辑等知识，为对知识进行巩固和测试，布置相应的练习题。

笔试题

一、填空题

（1）点文字的文字行是＿＿＿＿＿＿的，即文字行的长度随文本的增加而变＿＿＿＿＿＿，不会自动换行。

（2）文字载入路径功能非常有用，可使输入的文字按照已有的＿＿＿＿＿＿进行排列，制作出特殊的文字效果。

（3）当输入完毕后，单击选项栏上的＂提交所有当前编辑＂按钮✓，或者按＿＿＿＿＿＿快捷键即可完成文字的输入。

二、选择题

（1）点文字换行时按（　　　）键。

    A．空格　　　　　　　B．【Enter】　　　　　　C．【Shift】　　　　　　D．【Ctrl】

（2）下面文字变形选项中，（　　　）不属于文字变形。

    A．鱼形　　　　　　　B．鱼眼　　　　　　　　C．扭动　　　　　　　　D．波浪

（3）下面（　　　）不属于文字属性。

    A．字体　　　　　　　B．字号　　　　　　　　C．文字颜色　　　　　　D．球化

上机题

打开光盘中的素材文件8-08.jpg，选择横排文字工具，在属性栏中设置＂字体＂选项为＂华文隶书＂，＂字体大小＂为300px，在图像窗口中输入＂梦幻国度＂字样，在文字图层右击鼠标，在弹出的快捷菜单中选择＂栅格化文字＂命令，复制＂梦幻国度＂图层，得到＂梦幻国度副本＂图层，选择＂梦幻国度副本＂图层，按【Ctrl+T】快捷键，把文字翻转，选择工具箱中的矩形选区工具，框选倒影文字最底部部分，按【Shift+F6】快捷键，在弹出的＂羽化＂对话框中输入20，然后按【Delete】键删除选区，最后把图层的＂不透明度＂改为30%，前后效果图如图8-47所示。

          （a）原图　　　　　　　　　　　　　　　　　　　　　　（b）添加文字

图8-47　添加文字效果

第9章 滤镜的应用方法

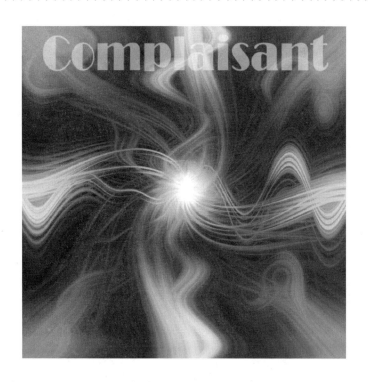

重点知识

- 滤镜的分类
- 滤镜的使用方法和技巧

难点知识

- 掌握滤镜库、液化滤镜的使用
- 利用滤镜制作图像特效

本章导读

在Photoshop中，滤镜是最精彩的内容，它主要用于对图像进行特殊效果处理，使图像的风格发生变化，从而制作出非常有创意的作品。Photoshop CS5提供了100多种滤镜，包括5种独立特殊滤镜和14种效果滤镜，具有十分强大的功能。

9.1　认识滤镜

滤镜来源于摄影中的滤光镜，应用滤光镜可以改善图像和产生特殊效果。滤镜可以说是Photoshop图像处理的灵魂，很多精美的图像效果都是结合滤镜而实现的。

9.1.1　滤镜的含义

当选择一种滤镜，并将其应用到图像中时，滤镜就会通过分析整幅图像或选择区域中的每个像素的色度值和位置，采用数学方法计算，并用计算结果代替原来的像素，从而使图像产生随机化或预先确定的效果。

 提示：滤镜在计算过程中将会占用相当大的内存资源，因此，在处理一些较大的图像文件时，将非常耗费时间，有时还可能会弹出对话框，提示系统资源不够。

9.1.2　认识滤镜库

滤镜库集成了"风格化"、"画笔描边"、"扭曲"、"素描"、"纹理"、"艺术效果"6个功能组。在"滤镜库"对话框中提供了滤镜效果的预览功能，还可以通过选项设置为一幅图像同时添加多个滤镜效果。可以随时打开或关闭滤镜效果，更改应用滤镜的先后顺序等。

9.1.3　使用滤镜库

执行"滤镜"→"滤镜库"命令弹出"滤镜库"对话框，在对话框中，左侧为图像效果预览区，中间部分为滤镜命令选择区域，通过滤镜选项中的图标，可以选择需要应用的滤镜效果，例如单击"素描"，选择"水彩画纸"滤镜，如图9-1所示。

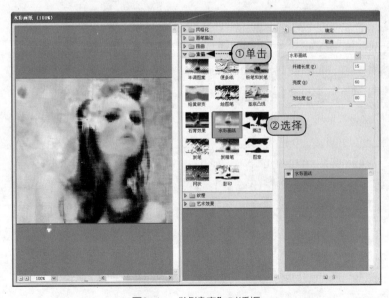

图9-1　"滤镜库"对话框

9.2　独立滤镜

在Photoshop中，"液化"滤镜和"消失点"滤镜是两个独立滤镜，这两个独立滤镜可以制作出不一样的图像效果，直接选择菜单命令可以将独立的滤镜打开，然后在打开的对话框中进行设置即可。

9.2.1　液化

"液化"滤镜可用于推、拉、旋转、反射、折叠和膨胀图像的任意区域，"液化"滤镜既可以对图像进行细微的扭曲变化，也可以对图像进行剧烈的变化，这就使"液化"滤镜成为修饰图像和创建艺术效果的强大工具，下面介绍具体的操作方法。

步骤❶ 打开光盘中的素材文件9-01.jpg，执行"滤镜"→"液化"命令，打开"液化"对话框，单击左侧的"膨胀工具"按钮◆，设置"画笔大小"、"画笔密度"、"画笔压力"、"画笔速率"分别为230、50、80，移动鼠标至罐子处单击鼠标，此时鼠标单击处的图像将进行膨胀变形，如图9-2所示。

步骤❷ 当图像膨胀变形至一定状态后释放鼠标左键，单击"确定"按钮，即可为图像进行液化变形，效果如图9-3所示。

图9-2　"液化"对话框

图9-3　图像液化变形

9.2.2　消失点

"消失点"滤镜用于在包含透视平面的图像中进行校正编辑，通过使用"消失点"滤镜可以在图像中指定平面，然后应用诸如绘画、仿制、复制或粘贴以及变换等编辑操作，下面介绍具体的操作方法。

步骤❶ 打开光盘中的素材文件9-02.jpg，执行"滤镜"→"消失点"命令。打开"消失点"对话框单击"创建平面工具"按钮，在图像显示区域中单击鼠标，设置变形平面，如图9-4所示。

步骤 2 单击对话框左侧的"图章工具"按钮，移动鼠标至图像窗口，在创建的透视平面形状面按住【Alt】键的同时单击鼠标，进行取样，向左移动鼠标，按住鼠标左键并涂抹，将取样点的图像涂抹并复制到鼠标拖曳区域，原区域被覆盖，效果如图9-5所示。

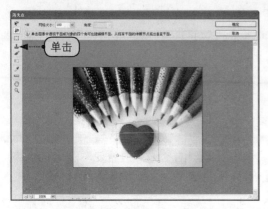
图9-4 "消失点"对话框

图9-5 涂抹复制

9.3 分类滤镜

Photoshop中分类的滤镜有许多种，其中包括扭曲、像素化、杂色、模糊、渲染、画笔描边、素描、纹理、艺术效果等，使用这些滤镜可以为图像添加各种意想不到的效果。

9.3.1 风格化

"风格化"滤镜组的主要作用是移动选区内图像的像素，提高像素的对比度，使之产生印象派或其他风格派作用的效果。

➡ **查找边缘：** "查找边缘"滤镜可以强化边缘，将图像中高反差区域变为亮色，低反差区域变为暗色，效果如图9-6所示。

➡ **等高线：** "等高线"滤镜使用细线勾画出每个颜色通道中的像素，得到与等高线图相似的效果。

➡ **风：** "风"滤镜在图像中添加风吹过的效果。在其参数设置对话框中可以选择"风"、"大风"和"飓风"，还可以选择风吹的方向。

➡ **浮雕效果：** "浮雕效果"滤镜可以在图像中应用明暗表现浮雕效果。在其参数设置对话框中可以设置浮雕的角度、高度和数量。

➡ **扩散：** "扩散"滤镜通过扩散图像边缘像素，使图像边缘产生抖动的效果。在"扩散"对话框中可设置扩散模式，包括"变暗优先"、"变亮优先"、"各向异性"3个选区。

➡ **拼贴：** "拼贴"滤镜将图像分切成有规则的几小块，类似于拼图游戏的效果。在"拼贴"对话框中可设置拼贴的数量、位移距离、填充区域等选项，效果如图9-7所示。

➡ **曝光过度：** "曝光过度"滤镜能产生正片和负片的混合图像效果，与在底片冲洗过程中将照片简单曝光而加亮的效果相似。

➡ **凸出：** "凸出"滤镜可将图像转换成立方体效果，可以用来制作特殊关键时刻效果，效果如图9-8所示。在"凸出"对话框中可设置凸出的类型、大小和深度等选项。

图9-6　"查找边缘"效果　　　　图9-7　"拼贴"效果　　　　图9-8　"凸出"效果

→ **照亮边缘：** "照亮边缘"滤镜可以让图像产生类似霓虹灯的发光效果。原理是通过加强图像边缘的过渡像素，来勾画图像的边缘，在"照亮边缘"对话框中可设置加强的边缘宽度和亮度、平滑度等选项。

9.3.2　画笔描边

"画笔描边"滤镜组中包含了8种滤镜效果。一般用"画笔描边"滤镜组中的滤镜来制作线条的绘图效果，使图像具有手绘的感觉。

→ **成角的线条：** "成角的线条"滤镜使用油墨以对角线方向描绘图像，图像中较亮区域用相同方向的线条绘制，较暗区域用相反方向的线条绘制。在"成角的线条"对话框中，可以设定方向平衡、线条长度和清晰度等选项。

→ **墨水轮廓：** "墨水轮廓"滤镜在图像边缘上用精细的线条重新描绘图像，产生钢笔画的效果，效果如图9-9所示。

→ **喷溅：** "喷溅"滤镜可以使图像产生扩散的喷溅水效果。喷色半径值越大，喷溅效果越强。

→ **喷色描边：** "喷色描边"滤镜的效果与"喷溅"滤镜类似，不同之处是，"喷色描边"滤镜可喷溅水线条更长，并且可以在"喷色描边"对话框中设置喷溅水的方向，效果如图9-10所示。

→ **强化的边缘：** "强化的边缘"滤镜在图像边缘的亮色和暗色处进行绘制，使图像颜色对比更加鲜明，效果如图9-11所示。

图9-9　"墨水轮廓"效果　　　　图9-10　"喷色描边"效果　　　　图9-11　"强化的边缘"效果

→ **深色线条：** "深色线条"滤镜使用长浅色线条描绘图像中浅色区域。用短深色线条描绘图像中的深色区域，使图像产生强烈的深色阴影效果。

→ **烟灰墨：** "烟灰墨"滤镜可以模仿黑色毛笔在宣纸上的绘画效果。

→ **阴影线：** "阴影线"滤镜可以为图像添加一种交叉类似网状的阴影效果。

9.3.3　模糊

　　"模糊"滤镜可以对图像进行柔和处理，可以将图像像素的边线设置为模糊状态，在图像上表现出速度感或晃动的感觉。使用"选择工具"选择特殊图像以外的区域，应用"模糊"滤镜效果，可以强调突出的图像。

- **表面模糊：**"表面模糊"滤镜可以使图像的表面产生模糊效果。
- **动感模糊：**"动感模糊"滤镜可以使图像产生用相机拍摄运动物体时的效果。在"动感模糊"对话框中，可以设置运动模糊的方向和强度。
- **方框模糊：**"方框模糊"滤镜可以使图像以小方块的方式进行模糊，效果如图9-12所示。
- **高斯模糊：**"高斯模糊"滤镜可以使图像产生朦胧的雾化效果，效果如图9-13所示。在"高斯模糊"对话框中，可以对"半径"选项进行设置，数值越大，图像越模糊。
- **进一步模糊：**"模糊"滤镜可以柔化图像边缘，"进一步模糊"滤镜则可以使图像产生更强烈的柔化效果。
- **径向模糊：**"径向模糊"滤镜有"旋转"和"缩放"两种模糊方式，效果如图9-14所示。"旋转"方式围绕一个中心形成旋转的模糊效果；"缩放"方式形成以模糊中心向四周发射的模糊效果。

图9-12　"方框模糊"效果　　　　图9-13　"高斯模糊"效果　　　　图9-14　"径向模糊"效果

- **镜头模糊：**"镜头模糊"滤镜可以使图像产生景深的模糊效果。在"镜头模糊"对话框中，可以设置"深度映射"、"光圈"、"镜面高光"、"杂色"等选项，从而创造出不同的景深模糊效果。
- **特殊模糊：**"特殊模糊"滤镜可以使图像产生边缘清晰的模糊效果。
- **形状模糊：**"形状模糊"滤镜可以使图像根据选择的形状进行模糊。在"形状模糊"对话框中，可以设置"半径"选项，数值越大，形状模糊范围越广。

9.3.4　扭曲

　　"扭曲"滤镜可以对图像进行移动、扩展或收缩来设置图像的像素，对图像进行各种形状的变换，如波浪、波纹、玻璃等形状。

➡️ **波浪：** "波浪"滤镜可以使图像产生水波浪效果，并可以控制波浪的形状，效果如图9-15所示。

➡️ **波纹：** "波纹"滤镜可以使图像产生水池表面的波纹效果，并可以控制波纹的数量和大小。

➡️ **玻璃：** "玻璃"滤镜可以使图像产生玻璃质感效果。在"玻璃"对话框中，可以调整扭曲和平滑度。

➡️ **海洋波纹：** "海洋波纹"滤镜可以添加波纹到图像表面。在其参数设置对话框中可以设置波纹大小和波纹幅度。

➡️ **极坐标：** "极坐标"滤镜可以使图像中的像素从平面坐标转换到极坐标，或将选区从极坐标转换到平面坐标，效果如图9-16所示。

➡️ **挤压：** "挤压"滤镜可以使图像产生挤压变形效果。当挤压值为负值时，将向外挤压；挤压值为正值时，将向内挤压。

➡️ **扩散亮光：** "扩散亮光"滤镜可以为图像添加透明的白色杂色，产生发光效果。

➡️ **球面化：** "球面化"滤镜可以将图像进行球面化扭曲。在"球面化"对话框中可以设置球面化的方式和强度。

➡️ **水波：** "水波"滤镜可以使图像产生扭曲效果，模拟湖水中泛起的涟漪效果。

➡️ **旋转扭曲：** "旋转扭曲"滤镜可以使图像产生旋转效果，效果如图9-17所示，在"旋转扭曲"对话框中，可以设置旋转的角度。

图9-15 "波浪"效果　　　　图9-16 "极坐标"效果　　　　图9-17 "旋转扭曲"效果

➡️ **切变：** "切变"滤镜可以将图像沿用户所设置的曲线进行变形，并产生扭曲的图像。

9.3.5 锐化

"锐化"滤镜可以将图像制作得更清晰，使画面的图像更加鲜明，通过提高主像素的颜色对比度使画面更加细腻。

➡️ **USM锐化：** "USM锐化"滤镜可以调整图像边缘的对比度，并在边缘的每侧制作一条更亮或更暗的线条，产生更清晰的图像，效果如图9-18所示。在"USM锐化"对话框中可以设置锐化的数量、半径和阈值，从而控制锐化的效果。

➡️ **锐化：** "锐化"滤镜是通过增加相邻像素之间的对比度使图像变得更清晰，但锐化程度较轻微，效果如图9-19所示。"进一步锐化"滤镜比"锐化"滤镜的效果更加显著。

➡️ **锐化边缘：** "锐化边缘"滤镜通过锐化图像的边缘像素，从而使图像变得清楚。

➡️ **智能锐化：** "智能锐化"滤镜通过控制阴影和高光中的锐化范围来锐化图像，效果如图9-20所示。在"智能锐化"对话框中可以设置锐化的数量和半径，同时去除各种模糊效果，从而使图像看起来更加清晰。

图9-18 "USM锐化"效果   图9-19 "锐化"效果   图9-20 "智能锐化"效果

9.3.6 素描

"素描"滤镜可以通过钢笔或木炭绘制图像草图效果，也可以调整画笔的粗细，或对前景色、背景色进行设置，从而得到丰富的绘画效果。

→ **半调图案：** "半调图案"滤镜可以混合前景色和背景色，制作出带有网点图案的艺术图像。在"半调图案"对话框中可以设置网点的大小、颜色对比度和网点的形状。

→ **便条纸：** "便条纸"滤镜可以使图像产生凸现压印图案的浮雕效果，效果如图9-21所示。在"便条纸"对话框中可以设置凸现程度和浮雕颗粒大小。

→ **粉笔和炭笔：** "粉笔和炭笔"滤镜可以使图像产生一种类似于用粉笔和炭笔在画纸上作画的艺术效果。

→ **铬黄：** "铬黄"滤镜可以为图像添加一种类似液体金属或者磨光的铬表面的艺术效果。

→ **绘图笔：** "绘图笔"滤镜可以转化图像像素，使图像看起来类似铅笔素描的艺术效果。

→ **基底凸现：** "基底凸现"滤镜可以根据图像转化为浮雕效果，效果如图9-22所示。在"基底凸现"对话框中可以设置浮雕的方向、光照和细节。

→ **水彩画纸：** "水彩画纸"滤镜可以模仿在宣纸上作画所产生的浸湿和颜色溢出并相互混合的效果，效果如图9-23所示。

图9-21 "便条纸"效果   图9-22 "基底凸现"效果   图9-23 "水彩画纸"效果

→ **撕边**："撕边"滤镜可以在图像边缘处制作喷溅的分裂效果，对于高对比度图像特别有效。

→ **塑料效果**："塑料效果"滤镜使用前景色和背景色为图像上色，并将图像轮廓处进行立体石膏压模处理，最后产生塑料喷刷覆盖的效果。

→ **炭笔**："炭笔"滤镜可以将图像处理成类似炭精条作画的艺术效果。

→ **炭精笔**："炭精笔"滤镜可以将图像处理成类似蜡笔作画的艺术效果。

→ **图章**："图章"滤镜可以简化图像细节，使图像看起来类似盖印的艺术效果。

→ **网状**："网状"滤镜可以把图像转化为网状覆盖效果，用前景色表现图像的暗调部分，背景色表现图像的高光部分。

→ **影印**："影印"滤镜可以把图像转化为类似复印件的效果，前景色表现图像的暗调部分，背景色表现图像的高光部分。

9.3.7　纹理

"纹理"滤镜组提供的滤镜可以使图像表面产生特殊的纹理或材质效果，其产生的效果就像其名称描述的一样。

→ **龟裂缝**："龟裂缝"滤镜自动生成裂变纹理并使图像产生浮雕效果。在"龟裂缝"对话框中可以设置裂缝间距和裂缝大小。

→ **颗粒**："颗粒"滤镜可以为图像添加颗粒形状的纹理。在"颗粒"对话框中，可以设置颗粒的形状、密度和对比度。

→ **马赛克拼贴**："马赛克拼贴"滤镜可以给图像添加类似马赛克磁砖拼贴的图像效果，效果如图9-24所示。在"马赛克拼贴"对话框中可以设置拼贴大小、间距大小、间距加亮程度。

→ **拼缀图**："拼缀图"滤镜可以使图像产生正方形瓷砖的拼贴效果，效果如图9-25所示。在"拼缀图"对话框中可以设置拼贴大小和凸现程度。

→ **染色玻璃**："染色玻璃"滤镜可以使图像产生彩色玻璃的拼贴效果，相邻单元之间用前景色填充，效果如图9-26所示。在"染色玻璃"对话框中可以设置拼贴大小、间隔宽度和模拟灯光照射的强度。

图9-24　"马赛克拼贴"效果　　　　图9-25　"拼缀图"效果　　　　图9-26　"染色玻璃"效果

→ **纹理化**："纹理化"滤镜可以使图像表面产生不同的纹理效果。在"纹理化"对话框中可以设置纹理类型、纹理大小、凸现程度等参数，从而表现不同的纹理效果。

9.3.8 像素化

"像素化"滤镜组中的滤镜通过平均分配色度值使单元格中颜色相近的像素结成块，用来清晰地定义一个选区，从而使图像产生晶格、碎片等效果。

- → **彩块化：**"彩块化"滤镜是把图像中纯色或颜色相似的像素转化为彩色像素块。使图像产生手绘艺术效果。
- → **彩色半调：**"彩色半调"滤镜将图像像素转化为半调网屏的效果，效果如图9-27所示。在"彩色半调"对话框中，可以设置半调网格的最大半径以及各个通道上的网点角度值。
- → **点状化：**"点状化"滤镜可以把图像像素转化为彩色斑点效果。在"点状化"对话框中可以设置彩色斑点的大小。
- → **晶格化：**"晶格化"滤镜可以使图像产生结晶体效果，效果如图9-28所示。在"晶格化"对话框中可以设置晶体的大小。
- → **马赛克：**"马赛克"滤镜可以使图像产生马赛克状的模糊效果。
- → **碎片：**"碎片"滤镜可以使图像产生一种聚焦不准的镜头效果。
- → **铜版雕刻：**"铜版雕刻"滤镜可以在图像中随机分布各种不规则的图案效果，效果如图9-29所示。在"铜版雕刻"对话框中可以设置随机分布的图案样式。

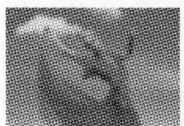  

图9-27　"彩色半调"效果　　　图9-28　"晶格化"效果　　　图9-29　"铜版雕刻"效果

9.3.9 渲染

"渲染"滤镜可以在图像中制作云彩形状的图像，设置照明效果或通过镜头产生光晕效果，在该滤镜组中包括"分层云彩"、"光照效果"、"镜头光晕"、"纤维"和"云彩"5个滤镜。

- → **分层云彩：**"分层云彩"滤镜随机变化图像原有的像素，并且混合前景色和背景色来生成云彩图案，效果如图9-30所示。
- → **光照效果：**"光照效果"滤镜可以模拟灯光照射在图像上的效果，效果如图9-31所示。在"光照效果"对话框中，可以对光源样式、光源类型等进行设置，还可以添加纹理通道来得到浮雕效果。
- → **镜头光晕：**"镜头光晕"滤镜可以模拟光源照射在镜头上产生的反射效果，效果如图9-32所示。用鼠标在"镜头光晕"对话框的图像预览框中单击，或者直接拖曳光晕的十字线，即可指定光晕的位置。
- → **纤维：**"纤维"滤镜可以通过前景色和背景色来创建物体的纤维效果。
- → **云彩：**"云彩"滤镜可以通过前景色和背景色随机产生云彩图案效果。

图9-30 "分层云彩"效果　　　图9-31 "光照效果"效果　　　图9-32 "镜头光晕"效果

9.3.10　艺术效果

　　"艺术效果"滤镜可以为图像添加具有艺术特色的绘制效果，可以使普通的图像具有艺术风格的效果，并且绘画形式不拘一格。

➡ **壁画：** "壁画"滤镜可以将图像转化为类似古典壁画的艺术效果，效果如图9-33所示。在"壁画"对话框中可以设置笔刷的大小、细腻程度和颜色间的过渡平滑度。

➡ **彩色铅笔：** "彩色铅笔"滤镜模拟使用彩色铅笔在纸上作画的艺术效果。在"彩色铅笔"对话框中可以设置笔触的宽度、描边压力和图纸的亮度。

➡ **粗糙蜡笔：** "粗糙蜡笔"滤镜模拟蜡笔在有纹理的背景上绘图的艺术效果，效果如图9-34所示。

➡ **底纹效果：** "底纹效果"滤镜根据纹理的类型和色彩在图像上进行描绘，产生底纹凸现的视觉效果。

➡ **调色刀：** "调色刀"滤镜可以使图像中相邻颜色互相融合，从而产生国画写意的艺术效果。

➡ **干画笔：** "干画笔"滤镜使用类似干画笔笔刷绘制图像边缘，使图像产生一种不饱和、较干燥的油画效果。

➡ **海报边缘：** "海报边缘"滤镜可以使图像产生类似招贴、海报的艺术效果，效果如图9-35所示，在"海报边缘"对话框中可以设置黑色边缘的宽度、边缘的可视度和海报化效果的强弱。

图9-33 "壁画"效果　　　图9-34 "粗糙蜡笔"效果　　　图9-35 "海报边缘"效果

➡️ **海绵：** "海绵"滤镜模拟类似海绵柔软而富有弹性的笔触，从而使图像产生一种水浸的特殊艺术效果。

➡️ **绘画涂抹：** "绘画涂抹"滤镜根据设置的笔触大小和形状进行图像像素转化，使图像看上去具有绘画的艺术效果。

➡️ **胶片颗粒：** "胶片颗粒"滤镜可以使图像产生在薄膜上覆盖黑色颗粒的艺术效果。

➡️ **木刻：** "木刻"滤镜可以使图像产生剪纸、木刻画的视觉效果。

➡️ **霓虹灯光：** "霓虹灯光"滤镜可以使图像产生霓虹灯照射的色彩效果，在"霓虹灯"对话框中，可以设置发光源的颜色、大小和亮度。

➡️ **水彩：** "水彩"滤镜可以使图像产生水彩画的艺术效果。该滤镜用较深的颜色表现图像边缘像素色彩。

➡️ **塑料包装：** "塑料包装"滤镜可以使图像表面产生用塑料包裹的艺术效果。

➡️ **涂抹棒：** "涂抹棒"滤镜模拟粉笔或蜡笔笔触涂抹图像，并柔和图像的暗部区域，但是图像中的亮部区域容易损失。

9.3.11 杂色

　　"杂色"滤镜组用于增加图像上的杂点，使其产生色彩漫散的效果，或用于去除图像中的杂点，如扫描输入图像的斑点和折痕。

➡️ **减少杂色：** "减少杂色"滤镜可以减少图像中的杂色，在"减少杂色"对话框中，通过设置强度和锐化细节等参数，使图像效果更自然清晰。

➡️ **蒙尘与划痕：** "蒙尘与划痕"滤镜是能够去除图像上的灰尘、痕迹等，使图像看上去更干净。同时对图像有一定的模糊作用。

➡️ **去斑：** "去斑"滤镜对图像进行轻微模糊和柔化处理，使图像上的杂点被移除的同时保留图像细节，效果如图9-36所示。

➡️ **添加杂色：** "添加杂色"滤镜向图像中添加杂点，效果如图9-37所示。在"添加杂色"对话框中，可以设置杂点的数量、分布方式和杂点颜色。

➡️ **中间值：** "中间值"滤镜通过使用颜色平均值替换周围颜色去掉杂色，效果如图9-38所示。在"中间值"对话框中可设置"半径"参数，取值越大，相似颜色范围就会越大。

　　图9-36　"去斑"效果　　　　图9-37　"添加杂色"效果　　　图9-38　"中间值"效果

技能实训　制作柔丝特效背景

通过对本章内容的讲解，让读者对滤镜的应用有一定的了解，下面将详细讲解利用滤镜制作柔丝特效背景的方法。

效果展示

本例完成的效果如图9-39所示。

图9-39　柔丝特效背景

操作分析

在本实例中，首先新建一个文件，为文件添加"镜头光晕"效果，添加多个"镜头光晕"效果后，为图像去色，然后用滤镜中的"铜版雕刻"和"径向模糊"滤镜制作特效，利用图层混合模式为图像添加颜色，最后再用滤镜中的"扭曲"滤镜制作柔丝效果。

制作步骤

光盘同步文件

原始文件：无

结果文件：光盘\结果文件\第9章\制作柔丝特效背景.psd

同步视频文件：光盘\同步教学文件\09 制作柔丝特效背景.avi

步骤 1 打开Photoshop CS5，执行"文件"→"新建"命令，在弹出的"新建"对话框中，把"宽度"和"高度"都设置为800像素，"分辨率"设置为300像素，背景色设置为黑色，设置完成后单击"确定"按钮，如图9-40所示。

步骤 2 执行"滤镜"→"渲染"→"镜头光晕"命令，在弹出的"镜头光晕"对话框中把"亮度"设置为100%，如图9-41所示。

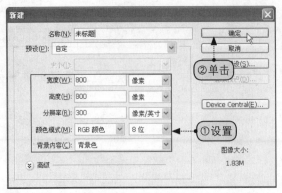

图9-40　"新建"对话框　　　　　图9-41　"镜头光晕"对话框

步骤 3 设置完成后单击"确定"按钮，得到的效果如图9-42所示。

步骤 4 再次执行"滤镜"→"渲染"→"镜头光晕"命令，按照图9-43所示的位置摆放"镜头光晕"效果。

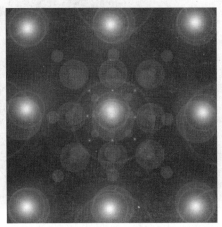

图9-42　"镜头光晕"效果　　　　　图9-43　多个"镜头光晕"效果

步骤 5 单击"图层"面板底部的"创建新的填充或调整图层"按钮，在弹出的菜单中选择"色相/饱和度"命令，在弹出的"调整"面板中，把"饱和度"设置为-100，如图9-44所示。

步骤 6 按【Shift+Ctrl+Alt+E】快捷键盖印可见图层，得到"图层1"图层，如图9-45所示。

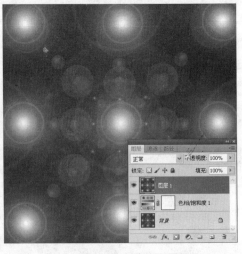

图9-44　"调整"面板　　　　　图9-45　盖印可见图层

步骤 7 执行〝滤镜〞→〝像素化〞→〝铜版雕刻〞命令，在弹出的〝铜版雕刻〞对话框中选择〝类型〞为〝中长描边〞，如图9-46所示。设置完成后单击〝确定〞按钮，如图9-47所示。

步骤 8 执行〝滤镜〞→〝模糊〞→〝径向模糊〞命令，在弹出的〝径向模糊〞对话框中选中〝缩放〞单选按钮和〝最好〞单选按钮，如图9-48所示。

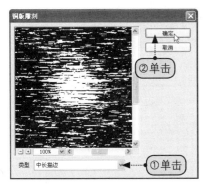

图9-46　〝铜版雕刻〞对话框

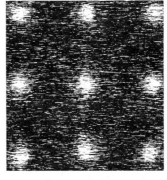

图9-47　〝铜版雕刻〞效果

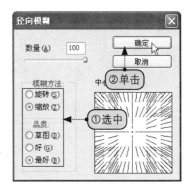

图9-48　〝径向模糊〞对话框

步骤 9 设置完成后单击〝确定〞按钮，得到如图9-49所示的效果。

步骤 10 按【Ctrl+F】快捷键重复〝径向模糊〞命令，重复执行3次后，得到的效果如图9-50所示。

步骤 11 单击工具箱中的渐变工具，打开〝渐变编辑器〞对话框，单击〝渐变编辑器〞对话框中的色块，把左边的色标设置为蓝色（R:47、G:215、B:185），位置为0%，把右边的色标设置为黄色（R:213、G:228、B:49），位置为100%，单击〝确定〞按钮，如图9-51所示。

图9-49　〝径向模糊〞效果

图9-50　〝径向模糊〞效果

图9-51　〝渐变编辑器〞对话框

步骤 12 单击〝图层〞面板底部的〝创建新图层〞按钮，得到新图层〝图层2〞，填充渐变色后改变图层混合模式为〝叠加〞，得到的图像效果如图9-52所示。

步骤 13 按【Shift+Ctrl+Alt+E】快捷键盖印可见图层，得到〝图层3〞图层，按【Ctrl+J】快捷键复制两个〝图层3〞图层，得到〝图层3副本〞图层和〝图层3副本2〞图层，如图9-53所示。

步骤 14 单击〝图层3副本2〞和〝图层3副本〞前的小眼睛图标，隐藏这两个图层，然后选中〝图层3〞图层，执行〝滤镜〞→〝扭曲〞→〝旋转扭曲〞命令，在弹出的〝旋转扭曲〞对话框中，把〝角度〞设置为100度，如图9-54所示。

图9-52　填充渐变色

图9-53　"图层"面板

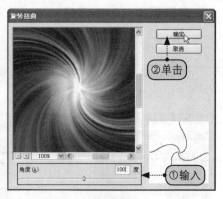
图9-54　"旋转扭曲"对话框

步骤 15 设置完成后单击"确定"按钮，得到如图9-55所示的效果。

步骤 16 选中"图层3副本"图层，执行"滤镜"→"扭曲"→"旋转扭曲"命令，在弹出的"旋转扭曲"对话框中，把"角度"设置为50%，设置完成后单击"确定"按钮，把图层混合模式设置为"变亮"，得到效果如图9-56所示。

步骤 17 选中"图层3副本2"图层，执行"滤镜"→"扭曲"→"波浪"命令，在弹出的"波浪"对话框中把"波长"的"最小"设置为30，"最大"设置为120，如图9-57所示。

图9-55　"旋转扭曲"效果

图9-56　"旋转扭曲"效果

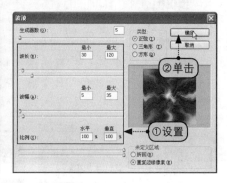
图9-57　"波浪"对话框

步骤 18 设置完成后单击"确定"按钮，然后把图层混合模式设置为"变亮"，如图9-58所示。

步骤 19 按【Shift+Ctrl+Alt+E】快捷键盖印可见图层，得到"图层4"图层，执行"滤镜"→"液化"命令，在弹出的"液化"对话框中，选择顺时针旋转扭曲工具，在图像中心位置涂抹，如图9-59所示。

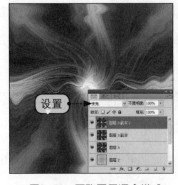
图9-58　更改图层混合模式

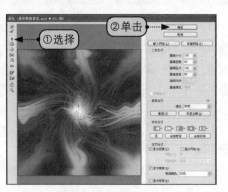
图9-59　"液化"对话框

步骤 20 设置完成后单击"确定"按钮，把图层混合模式设置为"柔光"，如图9-60所示。

步骤 21 选择工具箱中的横排文字工具，在图像顶部单击鼠标，在图像中输入文字Complaisant，把文字样式设置为Broadway，"文字大小"设置为24点，把文字图层的"不透明度"设置为50%，如图9-61所示。

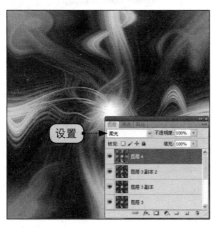

图9-60　更改图层混合模式　　　　图9-61　输入文字

课堂问答

本章主要讲解了滤镜的分类，使读者明白了滤镜的强大作用，下面列举出一些常见的问题供读者学习参考。

问题1：在"滤镜库"对话框下方设置缩放比例的下拉列表前有"-"和"+"两个按钮，具有什么作用？

答：单击"-"按钮可以将图像按一定的缩放比例缩小预览区域，而单击"+"按钮可以将图像按一定缩放比例放大预览区域。

问题2：重复使用同一个滤镜是否需要再次从菜单栏执行呢？

答：执行某个滤镜后，连续按【Ctrl+F】快捷键，则以上次设置的参数值多次重复执行该滤镜，若需对参数进行修改再应用，可以按【Ctrl+Alt+F】快捷键重新设置参数。

问题3：在设置滤镜参数时，如果设置错误，想修改原有的参数怎么办？

答：在设置参数的过程中，按住【Alt】键不放，则对话框中的"取消"按钮将变成"复位"按钮，单击"复位"按钮可以将对话框中的参数恢复到初始值。

知识能力测试

本章讲解了滤镜的种类等知识，为了对相关知识进行巩固和测试，布置相应的练习题。

笔试题

一、填空题

（1）在Photoshop中，＿＿＿＿＿＿＿滤镜和＿＿＿＿＿＿滤镜是两个独立滤镜。

（2）＿＿＿＿＿＿＿＿＿滤镜可以对图像进行柔和处理，可以将图像像素的边线设置为模糊状态。

（3）在"滤镜库"对话框中出现了6组滤镜，分别是扭曲、画笔描边、素描、＿＿＿＿＿＿＿＿、艺术效果和风格化。

二、选择题

（1）下面滤镜中不属于"像素化"滤镜组的是（　　）。

A．马赛克拼贴　　　B．马赛克　　　　C．晶格化　　　　　D．点状化

（2）"浮雕效果"命令属于（　　）滤镜子菜单。

A．风格化　　　　　B．像素化　　　　C．纹理　　　　　　D．艺术效果

（3）（　　）滤镜可以将图像制作得更清晰，使画面的图像更加鲜明，通过提高主像素的颜色对比度使画面更加细腻。

A．风格化滤镜　　　B．锐化滤镜　　　C．纹理化滤镜　　　D．素描滤镜

上机题

打开光盘中的素材文件9-03.jpg，如图9-62所示。在"图层"面板中拖动"背景"图层到"创建新图层"按钮上，生成"背景副本"图层，执行"滤镜"→"模糊"→"径向模糊"命令，在"径向模糊"对话框中设置"数量"为25，"模糊方法"为"旋转"，单击"图层"面板下方的"添加图层蒙版"按钮，单击工具箱中的"画笔工具"，设置前景色为黑色，拖动鼠标对图像中心的番茄部分进行涂抹。完成的效果对比图如图9-63所示。

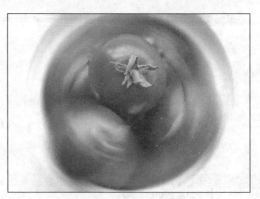

图9-62　原图　　　　　　　　　　　　　　图9-63　径向模糊后的效果

第10章

图像的色彩处理和编辑

重点知识

- 认识颜色模式的作用
- 掌握图像不同模式之间的转换
- 认识和掌握图像色彩校正与调整的技巧

难点知识

- 掌握图像色彩调整的基本方法
- 图像明暗的调整

本章导读

本章主要讲解了图像色彩调整的相关知识，让读者学会能够对图像进行明暗对比度的灵活调节和对图像颜色的灵活改变。一幅设计作品成功与否，与色彩的合理运用有着密切的关系。在Photoshop CS5中，配置了大量调整色彩色调的命令，完全可以满足处理图片色彩的需要。

10.1 图像的颜色模式与转换

颜色模式决定了用来显示和打印处理图像的颜色方法。通过选择某种颜色模式，就代表选用了某种特定的颜色模型。Photoshop CS5的颜色模式基于颜色模型，而颜色模型对于印刷中使用的图像来说非常有用。

10.1.1 RGB颜色模式

RGB颜色模式包括3个主要色彩，即红（R）、绿（G）、蓝（B）。它是所有的显示屏、投影设备及其他传递或过滤光线设备所依赖的彩色模式。就编辑图像而言，RGB色彩模式是屏幕显示的最佳模式，但是RGB颜色模式图像中的许多色彩无法被打印出来。因此，如果打印全彩色图像，应先将RGB颜色模式的图像转换成CMYK颜色模式的图像，然后再进行打印。

在工作中一定要注意，RGB颜色模式的图像不能被四色印刷，所以在将图像输出到照排机之前，一定要将其转换为CMYK颜色模式的图像。

如果要将图像的色彩模式转换成RGB颜色模式，可以选择"图像"→"模式"→"RGB颜色"命令。

10.1.2 CMYK颜色模式

CMYK代表印刷图像时所用的印刷四色，分别是青、洋红、黄、黑。CMYK颜色模式是打印机唯一认可的彩色模式。因为RGB颜色模式不能准确地表现最终印刷的图像色彩，所以应该在CMYK模式中进行工作。CMYK模式虽然能免除色彩方面的失望，但是运算速度要慢得多，这是因为Photoshop必须将CMYK转变为屏幕的RGB色彩值。因为效率在实际工作中是很重要的，所以建议还是在RGB模式下进行工作，当准备将图像打印输出时，再转换为CMYK模式。

选择"图像"→"模式"→"CMYK颜色"命令，可以将图像的颜色模式转换为CMYK颜色模式。

 提示：一幅彩色图像不能多次在RGB与CMYK模式之间转换，因为每一次转换都会损失一次图像颜色质量。

10.1.3 Lab颜色模式

Lab颜色模式的色域最广，是唯一不依赖于设备的颜色模式。Lab颜色模式的亮度分量（L）范围是0～100。在Adobe拾色器中，a分量（绿色到红色轴）和b分量（蓝色到黄色轴）的范围是-128～+127。在"颜色"面板中，a分量和 b分量的范围是-128～+127。

可以使用Lab模式处理Photo CD图像，独立编辑图像中的亮度和颜色值，在不同系统之间移动图像并将其打印到PostScript Level 2和Level 3打印机。要将Lab图像打印到其他彩色PostScript设备，应首先将其转换为CMYK模式。

Lab图像可以存储为Photoshop、Photoshop EPS、大型文档格式（PSB）、Photoshop PDF、

Photoshop Raw、TIFF、Photoshop DCS 1.0或Photoshop DCS 2.0格式。48位（16位/通道）的Lab图像可以存储为Photoshop、大型文档格式（PSB）、Photoshop PDF、Photoshop Raw或TIFF格式。

选择"图像"→"模式"→"Lab颜色"命令，可将图像的颜色模式转换为Lab颜色模式。

10.1.4 灰度模式

灰度模式在图像中使用不同的灰度级。在8位图像中，最多有256级灰度。灰度图像中的每个像素都有一个0（黑色）～255（白色）之间的亮度值。在16位和32位图像中，图像中的级数比8位图像要大得多。灰度值也可以用黑色油墨覆盖的百分比来度量（0%等于白色，100%等于黑色）。使用黑白或灰度扫描仪生成的图像通常以灰度模式显示。下面介绍的原则适用于将图像转换为灰度模式和从灰度模式中输出。

➡ 位图模式和彩色图像都可转换为灰度模式。

➡ 为了将彩色图像转换为高品质的灰度图像，Photoshop放弃原图像中的所有颜色信息，转换后的像素灰阶（色度）表示原像素的亮度。

➡ 当从灰度模式向RGB转换时，像素的颜色值取决于其原来的灰色值。灰度图像也可转换为CMYK图像（用于创建印刷色四色调，不必转换为双色调模式）或Lab彩色图像。

选择"图像"→"模式"→"灰度"命令，可将图像的颜色模式转换为灰度模式。

10.1.5 位图模式

位图模式使用两种颜色值（黑色或白色）之一表示图像中的像素。

如果希望将彩色图像模式转换为位图模式，必先将图像转换为灰度模式，再转换为位图模式。选择"图像"→"模式"→"位图"命令，打开如图10-1所示的"位图"对话框，设定图像的分辨率及转换方式。

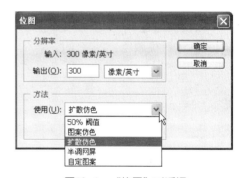

图10-1 "位图"对话框

在"位图"对话框中，各参数作用及含义如下。

➡ **输出**：在此文本框中输入数值可设定黑白图像的分辨率。如果要精细控制打印效果，可提高分辨率数值。通常情况下，输出值是输入值的200%～250%。

➡ **50%阈值**：此选项是将大于50%灰度的像素变为黑色，而小于或等于50%灰度的像素变为白色。

➡ **图案仿色**：此选项是在图像进行模式转换时，用一些无意义的几何图案来抖动图像。

➡ **扩散仿色**：选择此选项可生成一种金属版效果，将图像转化为成千上万个离散随机的像素。

→ **半调网屏：** 选择此选项并单击 "确定" 按钮后，会出现 "半调网屏" 对话框，如图10-2所示。可在 "频率" 文本框中输入每英寸的半调网点数，在 "角度" 文本框中输入网点角度，从 "形状" 下拉列表中选择网点形态。

图10-2 "半调网屏" 对话框

→ **自定图案：** 如果已用编辑菜单下的定义图案命令定义了一个图案，那么可以把它作为一种半调网图案使用，否则此选项将不能被使用。

10.1.6 索引颜色模式

索引颜色模式用最多256种颜色生成8位图像文件。当转换为索引颜色时，Photoshop将构建一个颜色查找表（CLUT），用以存放并索引图像中的颜色。如果原图像中的某种颜色没有出现在该表中，则程序将选取最接近的一种，或使用仿色来模拟现有的颜色。

由于调色板很有限，因此，索引颜色可以在保持多媒体演示文稿、Web页等的视觉品质的同时，减少文件大小。在这种模式下只能进行有限的编辑，要进一步进行编辑，应临时转换为RGB模式。

一幅RGB图像可以转换成一幅索引颜色模式的图像，以便编辑图像的颜色表或是输出图像到一个仅支持8位彩色的应用程序中，这对多媒体应用程序是十分实用的。选择 "图像" → "模式" → "索引颜色" 命令，可将图像的颜色模式转换为索引颜色模式。

10.1.7 双色调模式

该模式通过一至四种自定油墨创建单色调、双色调（两种颜色）、三色调（3种颜色）和四色调（4种颜色）的灰度图像。如果希望将彩色图像模式转换为位图模式，必先将图像转换为灰度模式，再转换为双色调颜色模式。

选择 "图像" → "模式" → "双色调" 命令，将会打开如图10-3所示的 "双色调选项" 对话框。

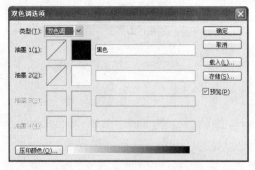

图10-3 "双色调选项" 对话框

→ **类型：** 在此下拉列表中，可以选择使用几种色调模式，如单色调、双色调、三色调和四色调。

→ **油墨1、油墨2，油墨3，油墨4：** 此选项代表的是几种色调，只有选择相应的类型，才会出现相应数量的油墨。

→ **压印颜色：** 单击此按钮可以查看每种颜色混合后的结果。

10.1.8 多通道模式

在多通道模式下，每个通道都使用256级灰度。进行特殊打印时，多通道图像十分有用。下列情况适用于将图像转换为多通道模式。

➡ 原图像中的颜色通道在转换的图像中成为专色通道。

➡ 将颜色图像转换为多通道图像时，新的灰度信息基于每个通道中像素的颜色值。

➡ 通过将CMYK图像转换为多通道模式，可以创建青色、洋红、黄色和黑色专色通道。

➡ 通过将RGB图像转换为多通道模式，可以创建青色、洋红和黄色专色通道。

➡ 通过从RGB、CMYK或Lab图像中删除一个通道，可自动将图像转换为多通道模式。

➡ 若要输出多通道图像，可以Photoshop DCS 2.0格式存储图像。

选择"图像"→"模式"→"双色调"菜单命令，可将图像的颜色模式转换为多通道模式。

10.2　图像明暗调整

图像明暗效果不佳时，可用图像明暗调整命令将光线不好的图像调整到正常效果。在Photoshop CS5中，调整图像明暗的命令包括"亮度/对比度"、"色阶"、"曲线"、"曝光度"、"阴影/高光"等命令。

10.2.1　色阶

"色阶"命令是一种直观的调整图像明暗的命令。通过"色阶"命令，能够调整图像的阴影、中间调和高光的强度级别。下面介绍具体的操作方法。

步骤 1 打开光盘中的素材文件10-01.jpg，如图10-4所示。

步骤 2 执行"图像"→"调整"→"色阶"命令，弹出"色阶"对话框，在"输入色阶"选项组中运用鼠标拖曳其下方右侧的滑块，调整色阶的数值分别为0、2.15、200，如图10-5所示，设置完成后单击"确定"按钮，得到的效果如图10-6所示。

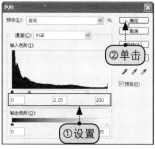

图10-4　原图　　　　　　图10-5　"色阶"对话框　　　　　图10-6　调整色阶效果

10.2.2　曲线

"曲线"命令是功能强大的图像校正命令，该命令可以在图像的整个色调范围内调整不同的色调，还可以对图像中的个别颜色通道进行精确的调整，下面介绍具体的操作方法。

步骤 1 打开光盘中的素材文件10-02.jpg，如图10-7所示。

步骤 2 执行"图像"→"调整"→"曲线"命令，弹出"曲线"对话框，在面板的曲线图中单击鼠标左键并向上拖曳调节曲线，以改变曲线的形状，或者是在其下方的"输出"和"输入"数值框中输入数值200、140，如图10-8所示，设置完成后单击"确定"按钮，得到的效果如图10-9所示。

图10-7 原图

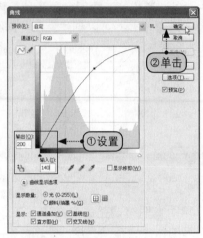
图10-8 "曲线"对话框

图10-9 曲线调整效果

10.2.3 亮度/对比度

"亮度/对比度"命令可以对图像的色调范围进行简单的调整。应用该命令可以一次性地调整图像中所有的像素，即高光、暗调和中间调，下面介绍具体的操作方法。

步骤 1 打开光盘中的素材文件10-03.jpg，如图10-10所示。

步骤 2 执行"图像"→"调整"→"亮度/对比度"命令，弹出"亮度/对比度"对话框，在"亮度"选项下方单击并向右拖曳滑块至80位置，调整"对比度"值为-10，如图10-11所示，设置完成后单击"确定"按钮，得到的效果如图10-12所示。

图10-10 原图

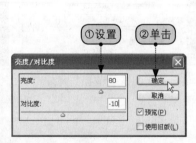
图10-11 "亮度/对比度"对话框

图10-12 亮度/对比度调整效果

10.2.4 阴影/高光

通过"阴影/高光"命令能够快速调整图像中的阴影及最亮的部分，可以修正曝光不足或曝光过度的照片，主要应用于修复逆光照片，相关设置如图10-13所示。

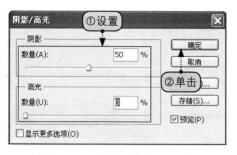

提示：在"阴影/高光"对话框中，默认的阴影参数值为50%，勾选"显示更多选项"复选框，对话框中会出现更加详细的阴影/高光调整选项，方便对照片的阴影/高光进行更细致的调整。

图10-13　"阴影/高光"对话框

10.3　图像色彩调整

色彩调整是一个神奇的过程，能够把平淡的图像一瞬间变得生动。在Photoshop CS5中提供了多种色彩和色调调整工具，包括"自然饱和度"、"色相/饱和度"、"色彩平衡"、"黑白"等命令。

10.3.1　色彩平衡

"色彩平衡"命令可以分别调整图像的暗调、中间调和高光区的色彩组成，混合后达到整体色彩平衡，下面介绍具体的操作方法。

步骤❶ 打开光盘中的素材文件10-04.jpg，如图10-14所示。

步骤❷ 执行"图像"→"调整"→"色彩平衡"命令，打开"色彩平衡"对话框，选中"中间调"单选按钮，设置"色阶"值分别为20、15、-50，如图10-15所示，设置完成后单击"确定"按钮，得到的效果如图10-16所示。

图10-14　原图

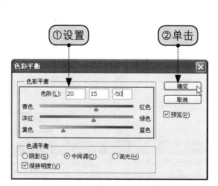

图10-15　"色彩平衡"对话框

图10-16　色彩平衡调整效果

10.3.2　照片滤镜

"照片滤镜"命令主要是用于修正扫描、胶片冲洗等造成的一些色彩偏差，还原照片的真实色彩，通过照片滤镜可以对图像整体色调进行变换，下面介绍具体的操作方法。

步骤 1 打开光盘中的素材文件10-05.jpg，如图10-17所示。

步骤 2 执行"图像"→"调整"→"照片滤镜"命令，弹出"照片滤镜"对话框，单击"滤镜"选项右侧的下三角按钮，在弹出的下拉列表中选择"青"选项，设置"浓度"值为80%，如图10-18所示，设置完成后单击"确定"按钮，如图10-19所示。

图10-17　原图　　　　　图10-18　　"照片滤镜"对话框　　　　　图10-19　照片滤镜效果

10.3.3　渐变映射

　　"渐变映射"命令的主要功能是将图像灰度范围映射到指定的渐变填充色。例如，指定双色渐变作为映射渐变，图像中暗调像素将映射到渐变填充的一个端点颜色，高光像素将映射到另一个端点颜色，中间调映射到两个端点之间的过渡颜色，下面介绍具体的操作方法。

步骤 1 打开光盘中的素材文件10-06.jpg，如图10-20所示。

步骤 2 执行"图像"→"调整"→"渐变映射"命令，弹出"渐变映射"对话框，在"灰度映射所用的渐变"选项中单击渐变颜色矩形条右侧的下三角按钮，在弹出的颜色选取框中选择"紫，橙渐变"颜色，如图10-21所示，设置完成后单击"确定"按钮，如图10-22所示。

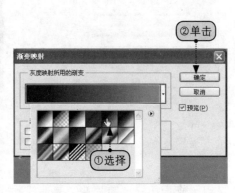

图10-20　原图　　　　　图10-21　　"渐变映射"对话框　　　　　图10-22　渐变映射效果

10.3.4 通道混合器

"通道混合器"命令可以使用当前颜色通道的混合来修改颜色通道。使用该命令,可以做到以下几点。

→ 进行创造性的颜色调整,这是其他颜色调整工具不易做到的。
→ 创建高质量的深棕色或其他色调的图像。
→ 将图像转换到一些备选色彩空间。
→ 交换或复制通道。

"通道混合器"命令只能作用于RGB模式和CMYK模式的图像,对Lab模式或其他模式则不可使用,下面介绍具体的操作方法。

步骤1 打开光盘中的素材文件10-07.jpg,运用快速选择工具在图像窗口中创建选区,如图10-23所示。

步骤2 执行"图像"→"调整"→"通道混合器"命令。弹出"通道混合器"对话框,设置相应的参数值,如图10-24所示。设置完成后单击"确定"按钮,得到的效果如图10-25所示。

图10-23 创建选区

图10-24 "通道混合器"对话框　　图10-25 应用通道混合器后的效果

10.3.5 可选颜色

"可选颜色"命令可以更改图像中主要原色成分的颜色浓度,可以有选择性地修改某一种特定的颜色,而不影响其他主要的色彩浓度,下面介绍具体的操作方法。

步骤1 打开光盘中的素材文件10-08.jpg,如图10-26所示。

步骤2 执行"图像"→"调整"→"可选颜色"命令。弹出"可选颜色"对话框,设置相应的参数值,如图10-27所示。设置完成后单击"确定"按钮,得到的效果如图10-28所示。

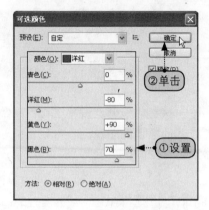

图10-26　原图　　　　　图10-27　"可选颜色"对话框　　　　　图10-28　可选颜色效果

10.3.6　变化

　　"变化"命令在调整图像颜色菜单中，是一个可以将图像快速变化为很多种色相的命令。执行"图像"→"调整"→"变化"命令，弹出"变化"对话框，如图10-29所示。在该对话框中可以设置很多种模式，将图像打造得多姿多彩。

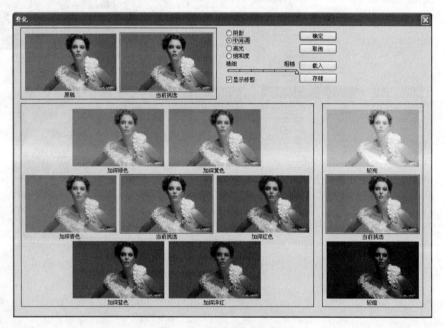

图10-29　"变化"对话框

10.3.7　替换颜色

　　"替换颜色"命令用于替换图像中某个特定范围的颜色，在图像中选取特定的颜色区域来调整其色相、饱和度和亮度值，下面介绍具体的操作方法。

步骤 1 打开光盘中的素材文件10-09.jpg,如图10-30所示。

步骤 2 执行"图像"→"调整"→"替换颜色"命令,打开"替换颜色"对话框,用吸管工具在图像中单击需要替换的颜色,得到需要进行修改的选区。拖动颜色容差滑块调整颜色范围,拖动"色相"和"饱和度"滑块,直到得到需要的颜色,如图10-31所示。设置完成后单击"确定"按钮,得到的效果如图10-32所示。

图10-30 原图

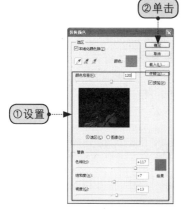

图10-31 "替换颜色"对话框

图10-32 替换颜色效果

10.3.8 匹配颜色

"匹配颜色"命令可以匹配不同图像之间、多个图层之间以及多个颜色选区之间的颜色,还可以通过改变亮度和色彩范围来调整图像中的颜色,下面介绍具体的操作方法。

步骤 1 打开光盘中的素材文件10-10.jpg和10-11.jpg,如图10-33、图10-34所示。

图10-33 素材文件1

图10-34 素材文件2

步骤 2 选择10-10.jpg文件,执行"图像"→"调整"→"匹配颜色"命令。打开"匹配颜色"对话框,在"图像统计"选项组中单击"源"选项右侧的下三角按钮,在弹出的下拉列表中选择10-11.jpg选项，如图10-35所示。设置完成后单击"确定"按钮，得到效果如图10-36所示。

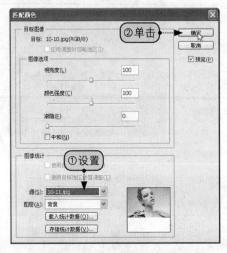

图10-35　"匹配颜色"对话框　　　　　　　　图10-36　匹配颜色效果

提示：在"匹配颜色"对话框中，"目标图像"为进行色调更改的目标文件；"图像选项"选项组用于通过一系列参数调整把两幅图像统一为一种色调，当勾选"中和"复选框时，调整色调为原图像色调的中间颜色。

10.3.9　色相/饱和度

通过"色相/饱和度"命令，可以调整整个图像或选区内图像的所有颜色的色相、饱和度和明度，从而使图像颜色发生变化，下面介绍具体的操作方法。

步骤 1　打开光盘中的素材文件10-12.jpg，如图10-37所示。

步骤 2　执行"图像"→"调整"→"色相/饱和度"，打开"色相/饱和度"对话框，设置"色相"值为-40，如图10-38所示。设置完成后单击"确定"按钮，得到的效果如图10-39所示。

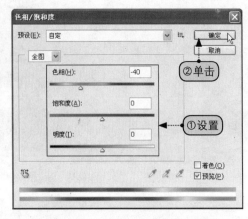

图10-37　原图　　　　　　　图10-38　"色相/饱和度"对话框　　　　　　　图10-39　色相/饱和度效果

10.3.10 反相

"反相"命令反转图像中的颜色。在处理过程中，可以使用该命令创建边缘蒙版，以便向图像的选定区域应用锐化和其他调整。在对图像进行反相时，通道中每个像素的亮度值都会转换为256级颜色值刻度上相反的值。

步骤1 打开光盘中的素材文件10-13.jpg，如图10-40所示。

步骤2 执行"图像"→"调整"→"反相"命令，图像反相后的效果如图10-41所示。

图10-40 原图　　　　　　　　　　　图10-41 反相效果

10.3.11 色调分离

使用"色调分离"命令可以指定图像的色调级数，并按此级数将图像的像素映射为最接近的颜色。如在RGB图像中指定两个色调级可以产生6种颜色，即两种红色、两种绿色和两种黄色，下面介绍具体的操作方法。

步骤1 打开光盘中的素材文件10-14.jpg，如图10-42所示。

步骤2 执行"图像"→"调整"→"色调分离"命令，弹出"色调分离"对话框，设置"色阶"值为5，如图10-43所示。设置完成后单击"确定"按钮，得到的效果如图10-44所示。

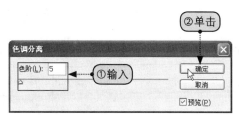

图10-42 原图　　　　　　图10-43 "色调分离"对话框　　　　　　图10-44 色调分离效果

10.3.12 阈值

使用"阈值"命令可以将灰度或彩色图像转换为高对比度的黑白图像。指定某个色阶作为阈值，所有比阈值色阶亮的像素转换为白色，反之则转换为黑色，具体操作如下。

步骤 1 打开光盘中的素材文件10-15.jpg，如图10-45所示。

步骤 2 执行"图像"→"调整"→"阈值"命令，弹出"阈值"对话框，设置"阈值色阶"值为128，如图10-46所示，设置完成后单击"确定"按钮，得到的效果如图10-47所示。

图10-45　原图　　　　　　　　图10-46　"阈值"对话框　　　　　图10-47　阈值效果

技能实训　改变人物服装颜色

通过本章内容的讲解，让读者对色彩的编辑和处理有了一定的了解，下面将讲解如何利用这些工具改变人物服装颜色。

效果展示

本例完成前后效果对比如图10-48和图10-49所示。

图10-48　原图　　　　　　　图10-49　更改衣服颜色效果

操作分析

　　在本实例中，先创建一个选区，用快速蒙版工具选中人物衣服部分，然后使用色阶命令调整服装亮度，再用色相/饱和度调整衣服颜色。

制作步骤

光盘同步文件

原始文件：光盘\素材文件\第10章\10-16.jpg

结果文件：光盘\结果文件\第10章\改变人物服装颜色.psd

同步视频文件：光盘\同步教学文件\10 改变人物服装颜色.avi

步骤① 打开光盘中的素材文件10-16.jpg，如图10-50所示。

步骤② 选择工具箱中的套索工具，框选人物衣服部分，如图10-51所示。

步骤③ 单击工具箱中的"以快速蒙版模式编辑"按钮，效果如图10-52所示。

图10-50 打开素材文件　　　　图10-51 创建选区　　　　图10-52 快速蒙版效果

　　步骤④ 单击工具箱中的画笔工具，把画笔"大小"设置为10px，前景色设置为白色，"背景色"设置为黑色，利用快速蒙版编辑选区，使衣服全部选入选区内，如图10-53所示。

　　步骤⑤ 编辑蒙版完成后，再单击工具箱中的"以标准模式编辑"按钮或者按【Q】键，退出蒙版，得到的选区如图10-54所示。

　　步骤⑥ 执行"图像"→"调整"→"色阶"命令，在弹出的"色阶"对话框中，在"输入色阶"文本框中依次输入25、1.2、240，如图10-55所示。

图10-53　编辑蒙版

图10-54　得到选区

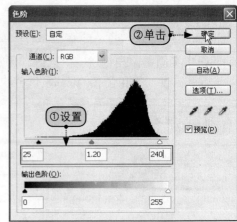

图10-55　调整色阶

步骤 7 执行"图像"→"调整"→"色相/饱和度"命令，在弹出的"色相/饱和度"对话框中，把"色相"设置为-30，"饱和度"设置为10，"明度"设置为0，如图10-56所示。

步骤 8 设置完成后单击"确定"按钮，按【Ctrl+D】取消选区，得到的效果如图10-57所示。

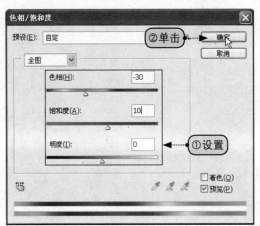

图10-56　"色相/饱和度"对话框

图10-57　改变衣服颜色效果

课堂问答

本章主要讲解了图像的色彩处理和编辑，使读者明白了图像色彩调整的命令，下面列举出一些常见的问题供读者学习参考。

问题1：可以对位图图像进行编辑吗？

答：当图像转换为位图模式后，无法进行其他编辑，甚至不能恢复到灰度模式。

问题2：通过"曲线"面板调整图像时，在曲线图中上下调整调节曲线的作用是什么？

答：在曲线图中向上调整调节曲线，增加图像的亮度，向下则增强图像的暗度。

问题3： 在"可选颜色"对话框中，"相对"选项和"绝对"选项的区别是什么？

答："相对"选项用于按图像总量的百分比更改现有的颜色；"绝对"选项用来以绝对值调整特定颜色中增加或减少的百分比数值。

知识能力测试

本章讲解了图像色彩处理等知识，为对知识进行巩固和测试，布置相应的练习题。

笔试题

一、填空题

(1) 只有_____模式和_____才能直接转换为位图模式。

(2) 在CMYK色彩模式中，CMYK代表印刷图像时所用的印刷四色，分别是_____、洋红、_____和_____。

(3) _____命令可以将彩色图像转换为相同颜色模式下的灰度图像。

二、选择题

(1) 所有显示屏、投影设备及其他传递或过滤光线的设备所依赖的彩色模式是（　　　）。

　　A．CMYK模式　　　B．RGB模式　　　C．Lab模式　　　D．灰度模式

(2) （　　　）命令提供了一般化的色彩校正，用于调整图像的总体混合效果，使图像的颜色基调发生变化。

　　A．曲线调整　　　B．色彩平衡　　　C．替换颜色　　　D．照片滤镜

(3) 下面的图像调整命令中，可以为图像上色的是（　　　）。

　　A．去色　　　B．阈值　　　C．阴影/高光　　　D．色相/饱和度

上机题

打开光盘中的素材文件10-17.jpg，如图10-58所示。执行"图像"→"调整"→"色彩平衡"命令，在弹出的"色彩平衡"对话框中输入-90、60、-70，然后单击"确定"按钮，得到的效果如图10-59所示。

图10-58　原图　　　　　图10-59　色彩平衡调节效果

第11章 3D图像制作与文件批处理

Photoshop CS5中文版标准教程（超值案例教学版）

重点知识

- 创建动作
- 掌握图像的批处理操作
- 了解3D工具

难点知识

- 创建3D模型
- 批处理文件在实际中的运用

本章导读

随着Photoshop的不断完善，它兼容了更多的图像处理技术，拥有了更强大的功能，它在工具箱中增加了两组专门的三维工具。本章将介绍3D模型的创建和3D工具的具体作用，并讲述文件输出和应用动作的相关操作。文件批处理功能能够极大地提高工作速度。批处理命令的创建与使用是通过动作控制面板来实现的。

11.1 认识3D工具

Photoshop CS5的工具箱中有两组用于控制3D对象和虚拟摄像机位置的工具，利用这两组工具可以编辑3D对象或调整摄像机位置。

11.1.1 3D编辑工具

3D编辑工具用于3D图像的调整操作，当导入或创建3D图像后，可以更改3D模型的位置和大小，并且可以任意旋转和缩放模型。单击工具箱中的3D对象旋转工具后，其选项栏的常见设置如图11-1所示。

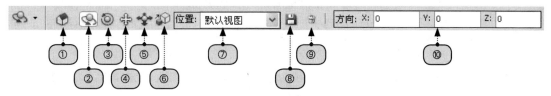

图11-1 3D编辑工具的选项栏

①返回到初始位置：单击此按钮，可以返回到模型的初始视图中。

②旋转3D对象：单击此按钮，在3D模型中进行上下拖动，可使模型围绕X轴进行旋转；进行两侧拖动，可使模型围绕Y轴进行旋转；按住【Alt】键不放同时拖移模型可以滚动模型。

③滚动3D对象：单击此按钮，在3D模型两侧拖动，可使模型围绕Z轴进行旋转。

④拖动3D对象：单击此按钮，在3D模型两侧拖动，可顺着水平方向移动模型；上下拖动可使3D模型沿着垂直方向进行移动；按住【Alt】键不放拖动模型，可沿X/Y方向进行移动。

⑤滑动3D对象：单击此按钮，在模型的两侧拖动，可以顺着水平方向移动模型；上下拖动可以将模型移远或者移近；按住【Alt】键不放拖移模型，可顺着X/Y方向移动。

⑥缩放3D对象：单击此按钮，上下拖动模型时，可以将模型放大或者缩小。

⑦位置：单击后面的下拉按钮，在打开的下拉列表中有"默认视图"、"左"、"右"、"俯视"、"仰视"、"后视"、"前视"7种视图显示方式。

⑧存储当前视图：单击该按钮，可存储当前选择的视图。

⑨删除当前视图：单击该按钮，可删除当前选择的视图。

⑩ 参数设置：在X轴、Y轴、Z轴后面的文本框中可以输入具体的数值，以便对模型进行精确的移动、旋转或缩放。

11.1.2 3D相机工具

使用3D相机工具组可对3D模型的视图进行滚动、环绕、平移等操作。利用3D相机工具组中的工具可更改场景视图，同时还可以保持3D对象的位置不变。单击工具箱中的3D相机工具，其选项栏的常见设置如图11-2所示。

图11-2　3D相机工具的选项栏

①　环绕移动3D对象：单击此按钮，拖动可以将相机顺着X轴或Y轴方向环绕移动。按住【Ctrl】键不放同时拖移可滚动相机。

②　滚动3D视图：单击此按钮，拖动时可以滚动相机。

③　用3D相机拍摄全景：单击此按钮，拖动可以将相机顺着X轴或者Y轴方向平行移动。按住【Ctrl】键不放进行拖移可以顺着X轴或者Z轴方向平行移动。

④　与3D相机一起移动：单击此按钮，拖动时可以移动视图。

⑤　变焦3D相机：单击此按钮，选项栏会发生改变，如图11-3所示。变焦3D相机工具可以改变3D相机的视角。

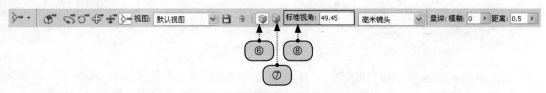

图11-3　变焦3D工具的选项栏

⑥　透视相机——使用视角：显示汇聚成消失点的平行线。

⑦　正交相机——使用缩放：保持平行线不会相交，在精确的缩放模式中显示模型，但是不会出现透视扭曲变形。

⑧　标准视角：在"标准视角"后面的文本框中可以精确地输入数字，以便进行视角调整。

11.2　创建3D模型和3D面板

11.2.1　创建3D模型

在Photoshop CS5中，创建3D模型的方法很多，可以直接创建3D明信片和3D几何体形状，还可以从图层创建3D模型，或者在打开的3D或2D图像中添加生成新的3D图层。创建3D模型的具体操作方法如下。

步骤❶　打开光盘中的素材文件11-01.jpg，在"图层"面板上单击"创建新图层"按钮，创建一个新图层，系统自动将新图层命名为"图层1"，如图11-4所示。

步骤❷　选择"图层1"，执行"3D"→"从图层新建形状"→"易拉罐"命令，得到的效果如图11-5所示。

图11-4　新建图层

图11-5　创建3D模型

11.2.2　3D面板的应用

选择3D图层后，3D面板会显示关联的3D文件组建。在3D面板中，用户可对图像场景、网格、材料和光源进行设置。3D面板上部列出网格、材质和光源等选项，面板下部则显示选定3D组件的具体设置内容。

1. 场景

单击3D面板中的"滤镜：整个场景"按钮 ，面板中会显示所有选项组件，如图11-6所示。

① "场景"按钮：单击此按钮，可对3D场景进行设置。

② "渲染设置"下拉列表：用于指定模型的渲染预设。

③ "编辑"按钮：单击此按钮，可对渲染进行自定义设置。

④ "绘制于"下拉列表：用于选择要在上面绘画的纹理。

⑤ "全局环境色"：设置在反射面上可见的全局环境光的颜色。

⑥ "横截面"复选框：勾选此复选框将激活横截面设置面板，在面板中可对横截面的参数进行设置，创建以所选角度与模型相交的平面横截面。

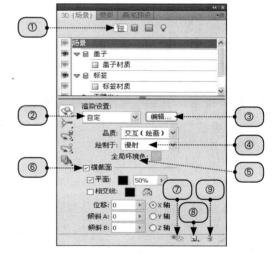

图11-6　3D场景设置面板

⑦ "切换地面"按钮：单击此按钮可切换地面。

⑧ "创建新光源"按钮：单击此按钮可选择创建的光源类型，并在对象上添加新的光源效果。

⑨ "删除光源"按钮：单击此按钮可将当前所选中的光源删除。

2. 网格

单击3D面板中的"滤镜：网格"按钮 ，面板中会显示3D图像的网格组件，如图11-7所示。

① "网格"按钮：单击此按钮，会在面板下方显示相关的信息。

② "捕捉阴影"复选框：在"光线跟踪"模式下，可以控制选定的网格是否在其表面显示来自其他网格的阴影。

③ "投影"复选框：用于控制选区的网格是否在其他网格面产生投影。

④ "不可见"复选框：勾选此复选框将隐藏网格，只显示其表面的阴影。

⑤ 网格调整工具组：此工具选项组包括对象旋转工具、相机旋转工具、网格旋转工具、光源旋转工具、材质拖放工具和返回到初始网格位置6个网格调整工具，使用这些工具可以对3D对象的网格进行任意调整。

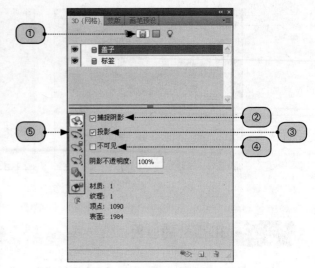

图11-7　3D网格设置面板

3. 材质

单击3D面板中的"滤镜：材质"按钮▦，面板中会显示3D图像所使用的材质，如图11-8所示。

① 漫射：设置材料的颜色，漫射可以是实色或者2D内容。

② 不透明度：增加或减少材质的不透明度，可以设置为0%～100%。

③ 凹凸：在材质表面创建凹凸效果。

④ 正常：正常映射会增加表面细节，正常映射基于多通道（RGB）图像，可使低多边形网格的表面变平滑。

⑤ 环境：存储3D模型周围环境的图像。

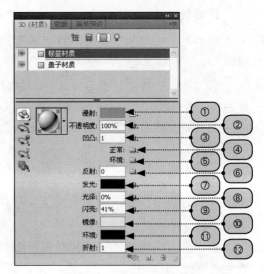

图11-8　3D材质设置面板

⑥ 反射：增加3D场景、环境映射和材料表面上其他对象的反射。

⑦ 发光：创建从3D图像内部发光的效果。

⑧ 光泽：可以控制光源的光线经表面反射折回到人眼中的光线数量。

⑨ 闪亮：用于定义"光泽"设置所产生的反射光散射。

⑩ 镜像：用于设置镜面属性显示的颜色。

⑪ 环境：设置在反射表面上可见的环境光颜色。

⑫ 折射：用于设置所选材质的折射率。

4. 光源

单击3D面板中的"滤镜：光源"按钮 ⬤，可以在面板中设置3D图像的光源，如图11-9所示。

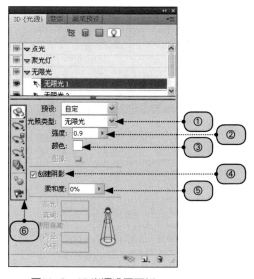

图11-9 3D光源设置面板

①光照类型：下拉列表中提供了"点光"、"聚光灯"和"无限光"3种。

②强度：用于调整光源的亮度，设置的强度值越大，图像的高光部分越亮。

③颜色：定义光源的颜色。

④"创建阴影"复选框：从前景表面到背景表面，从单一网格到其自身，或从一个网格到另一个网格的投影。

⑤柔和度：模糊阴影边缘，产生逐渐的衰减。

⑥调整光源工具组：该工具组包括对象旋转工具、相机旋转工具、网格旋转工具、光源旋转工具、材质拖放工具、位于原点处的点光和移至当前视图7个工具，用于调整光源的位置。

11.2.3 3D图像的渲染

完成3D图像的编辑后，需要通过图像渲染设置和最终输出渲染来完成渲染工作。渲染图像是3D编辑的最后一个程序，完成渲染操作后，3D图像可以用于打印或者输出动画。

执行"3D"→"渲染设置"命令，将弹出"3D渲染设置"对话框，在对话框中可以对各选项进行渲染设置，如图11-10所示。

①"标准"渲染预设：单击后面的下拉按钮，可打开"预设"下拉列表，其中有17种预设的渲染效果供用户选择。

②"表面"选项：用于设置如何显示模型表面。在"表面样式"下拉列表中可以设置表面的样式。当在"表面样式"下拉列表中选择"未照亮的纹理"时，可在"纹理"下拉列表中选择纹理映射。勾选"为最终输出渲染"复选框时，已导出的视频动画会产生更光滑的阴影和逼真的颜色出血。

③"边缘"选项：可以设置线框和线条的显示方式。在"边缘样式"下拉列表中可以选择

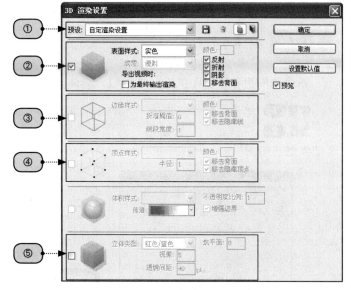

图11-10 "3D渲染设置"对话框

"常数"、"平滑"等选项，"折痕阈值"选项可以调整模型中结构线条的数量。

④"顶点"选项：用于设置顶点的外观，即组成线框模型的多边形相交点。"半径"选项决定每个顶点的像素半径，"移去背面"选项可以隐藏双面组件背面的顶点，"移动隐藏顶点"选项可以移去与前景顶点重叠的顶点。

⑤"立体"选项：用于设置图像，使该图像如同透过红蓝色玻璃进行查看。

11.3 动作基础知识

　　动作就是可以对单个文件或者一批文件进行系列操作的命令。利用Photoshop CS5的动作功能，可以将用户所执行的操作录制下来，然后对其他图层中的图像或另外的文件播放该动作，以快速得到相同的处理效果。

11.3.1 认识"动作"面板

　　需要对图像文件进行相同的操作时，就可利用"动作"控制面板来进行批处理操作。执行"窗口"→"动作"命令，就可调出"动作"控制面板，如图11-11所示。

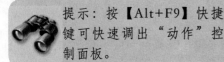
提示：按【Alt+F9】快捷键可快速调出"动作"控制面板。

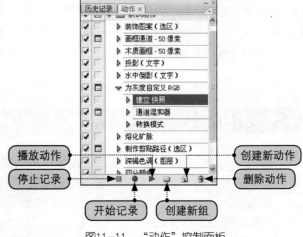

图11-11 "动作"控制面板

11.3.2 新建动作组

　　新建动作组和新建图层组基本相似，具体步骤如下。

　　步骤❶ 单击"动作"面板下方的"新建组"按钮，如图11-12所示。

　　步骤❷ 在弹出的"新建组"对话框中输入组名称，单击"确定"按钮，即可新建一个动作组，如图11-13所示。

图11-12 "动作"面板

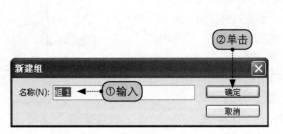

图11-13 "新建组"对话框

11.3.3　保存动作

新建动作组并新建动作后，可以保存动作，方便随时调用，具体步骤如下。

步骤 1 选择动作组名，单击"动作"面板右上角的快捷按钮 ，在弹出的快捷菜单中选择"存储动作"命令，如图11-14所示。

步骤 2 弹出"存储"对话框，在"文件名"文本框中输入该动作名称，单击"保存"按钮完成动作的存储，如图11-15所示。

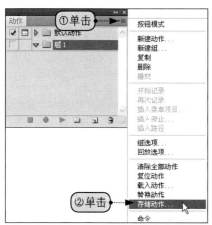

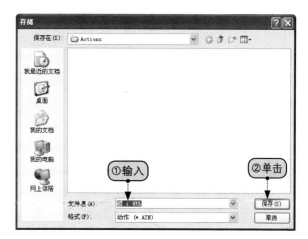

图11-14　快捷菜单　　　　　　　　图11-15　"存储"对话框

11.3.4　载入和播放动作

单击"动作"面板右上角的快捷按钮，在弹出的快捷菜单中选择"载入动作"命令，打开"载入"对话框，从中选择需要的动作，单击"载入"按钮，即可将动作载入到"动作"面板中。

11.4　批处理文件

在"动作"面板中一次只能对一个图像文件播放动作，而使用"批处理"命令可以通过动作对计算机中某个文件夹中的所有图像文件播放动作，并可存储到另一个文件夹中，以达到自动批处理图像的目的。

11.4.1　认识批处理

"批处理"命令可以对某个文件夹中的所有文件播放相同的动作，并将结果存储到另一个文件夹中，以达到自动批处理图像的目的。执行"文件"→"自定"→"批处理"命令，弹出"批处理"对话框，如图11-16所示。

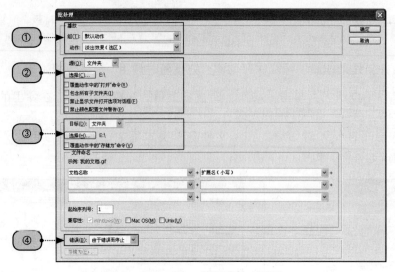

图11-16　"批处理"对话框

"批处理"对话框中常用的参数设置如下。

① "播放"栏：在此栏中，可以选择用于批处理的组和动作。

② "源"栏：在"源"下拉列表中，用户可以选择用于批处理的文件来源。

③ "目标"栏：在"目标"下拉列表中，用户可以选择图像处理后保存的方式。

④ "错误"栏：在"错误"下拉列表中，用户可以选择当批处理出现错误时的处理方式。选择"由于错误而停止"选项，可以在遇到错误时停止"批处理"命令的执行；选择"将错误记录到文件"选项，则在出现错误时将出错的文件保存到指定的文件夹。

11.4.2　批处理的应用

在"批处理"对话框的"播放"栏中选择用于播放的动作序列及该序列中的某个动作，然后在"源"栏中设置用于播放所选动作的源文件夹。

在"源"下拉列表中可选择是对输入的图像、文件夹中的图像或是文件浏览器中的图像进行播放，一般选择"文件夹"选项，单击"选择"按钮，可指定需要批处理的图像所在的文件夹。

最后在"目标"下拉列表中选择播放动作后的存储方式，可以存储并关闭文件或保存到另一个文件夹中。如果要保存到其他文件夹中，可以单击"选择"按钮，然后选择目标文件夹。

完成相关设置后，单击"确定"按钮，系统会自动根据前面的设置进行批处理操作。

技能实训　为人物添加帽子

通过本章内容的讲解，读者应该对3D功能有了简单的了解，下面通过实例讲解如何用3D模型为图像中的人物添加帽子。

效果展示

本例要实现的效果前后对比如图11-17和图11-18所示。

图11-17 原图

图11-18 为人物添加帽子

操作分析

在本实例中，首先打开图像文件，新建图层并创建3D帽子模型，然后给模型添加材质，最后调整模型的大小和位置，完成为人物添加帽子的操作。

制作步骤

光盘同步文件

> **原始文件：** 光盘\素材文件\第11章\11-02.jpg、11-03.jpg
>
> **结果文件：** 光盘\结果文件\第11章\为人物添加帽子.psd
>
> **同步视频文件：** 光盘\同步教学文件\11 为人物添加帽子.avi

步骤① 打开光盘中的素材文件11-02.jpg，如图11-19所示。

步骤② 单击"图层"面板底部的"创建新图层"按钮，得到新图层"图层1"，如图11-20所示。

图11-19 打开素材文件

图11-20 新建图层

步骤③ 执行"3D"→"从图层新建形状"→"帽形"命令，如图11-21所示。

步骤④ 执行菜单命令后，得到的效果如图11-22所示。

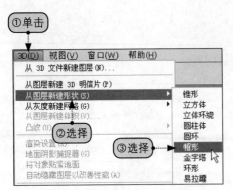

图11-21 执行"帽形"命令　　　　　　　　图11-22 添加帽形

步骤 5 执行"窗口"→"3D"命令，打开3D面板，单击"滤镜：材质"按钮，打开"3D｛材质｝"面板，单击"漫射"后的"编辑漫射纹理"按钮，在弹出的菜单中选择"载入纹理"命令，如图11-23所示。

步骤 6 在弹出的"打开"对话框中选择光盘中的素材文件11-03.jpg，然后单击"打开"按钮，如图11-24所示，得到如图11-25所示的效果。

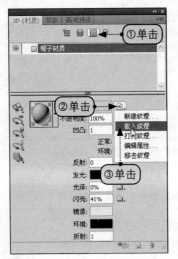

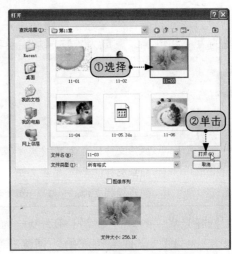

图11-23 "3D｛材质｝"面板　　　　　图11-24 "打开"对话框

步骤 7 选中"图层1"，单击"图层"面板底部的"创建图层样式"按钮，在弹出的菜单中选择"颜色叠加"命令，如图11-26所示。

图11-25 为模型添加材质　　　　　　图11-26 添加图层样式

步骤 8 在弹出的"图层样式"对话框中，把"混合模式"设置为"叠加"、颜色设置为R:210、G:185、B:200，如图11-27所示。设置完成后单击"确定"按钮，得到如图11-28所示的效果。

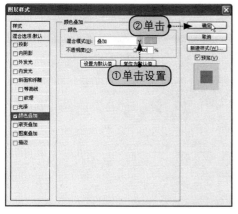

图11-27 "图层样式"对话框

图11-28 颜色叠加效果

步骤 9 选择工具箱中的3D对象滑动工具，在图像中往上拖动并单击鼠标，把帽子缩小到适合大小，如图11-29所示。

步骤 10 选择工具箱中的移动工具，将帽子移动到适当位置，再选择工具箱中的3D对象滚动工具，把帽子旋转至人物的适合角度，如图11-30所示。

图11-29 缩放帽子大小

图11-30 移动并旋转帽子

课堂问答

本章主要讲解了3D面板与批处理，介绍了3D面板、模型创建和批处理的运用，下面列出一些常见的问题供学习参考。

问题1：创建3D明信片有何意义？如何创建3D明信片？

答：应用"从图层新建3D明信片"命令，可以将2D图层或多图层转换为3D明信片，即使其具有3D属性的平面，如果起始图层是文本图层，则会保留所有透明度。

打开光盘中的素材文件11-04.jpg，如图11-31所示，执行"3D"→"从图层新建3D明信片"命令，将原图像转换为具有3D属性的平面，原始2D图层作为3D明信片对象的"漫射"纹理映射在"图层"面板中，这时可以使用3D工具在图像中对明信片进行旋转、移动、缩放等操作，如图11-32所示。

图11-31 打开素材文件

图11-32 编辑3D明信片

问题2："载入动作"命令会替换面板中的动作吗？

答："载入动作"命令不会将"动作"面板的动作替换掉，"替换动作"才会替换面板中的动作。

问题3：如何将3D图层转换为2D图层？

答：将3D图层转换为2D图层可将3D内容在当前状态下进行栅格化。在完成3D模型的编辑后，如果不想再编辑3D模型，可将3D图层转换为常规图层。栅格化的图像会保留3D场景的外观，但格式为平面化的2D格式。

打开光盘中的素材文件11-05.3ds，如图11-33所示，执行"3D"→"栅格化"命令，即可将3D图层转换为平面图层，如图11-34所示。

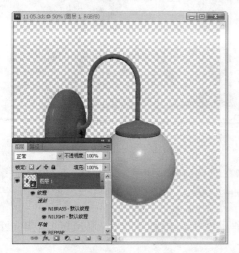

图11-33 打开素材文件

图11-34 转化为平面图层

知识能力测试

本章讲解了3D面板和创建3D图像、动作等知识，为对知识进行巩固和测试，布置相应的练习题。

笔试题

一、填空题

(1) 3D编辑工具用于＿＿＿＿＿＿的调整操作，当导入或创建3D图像后，可以更改3D模型的＿＿＿＿＿，并且可以任意旋转和缩放模型。

(2) 在Photoshop CS5中，创建3D形状的方法很多，可以直接创建3D明信片和3D几何体形状，还可以＿＿＿＿＿，或者在打开的3D或2D图像中添加生成新的3D图层。

(3) 动作就是可以对＿＿＿＿＿或者一批文件回放系列操作的命令。

二、选择题

(1) 以下（　　　）不是3D对象工具。

　　A．3D旋转工具　　　　　　B．3D滚动工具
　　C．3D对象环绕工具　　　　D．3D平移工具

(2) 按（　　　）快捷键即可显示出"动作"面板。

　　A．【Alt＋F9】　　　　　　B．【Ctrl＋F9】
　　C．【Alt＋F2】　　　　　　D．【Alt＋F2】

(3) 新建动作组的按钮是（　　　）。

　　A．▫　　　　　　　　　　B．▭
　　C．⬤　　　　　　　　　　D．▶

上机题

　　打开光盘中的素材文件11-06.jpg，如图11-35所示。新建图层，在新图层中执行"3D"→"从图层新建形状"→"易拉罐"命令，打开3D面板，单击"滤镜：材质"按钮，在"3D｛材质｝"面板中单击"漫射"后的"编辑漫射纹理"按钮，在弹出的菜单中选择"载入纹理"命令，载入素材11-06.jpg。单击"图层"面板底部的"创建图层样式"按钮，在弹出的菜单中选择"颜色叠加"命令，在弹出的"图层样式"对话框中，把"混合模式"设置为"叠加"，把颜色设置为R：177、G：195、B：194。勾选"投影"复选框，把"角度"设置为180°，"距离"设置为5像素，"扩展"设置为10%，"大小"设置为9像素，设置完成后单击"确定"按钮。操作后易拉罐旋转至如图11-36所示的效果。

　　　图11-35　素材文件　　　　　　　　图11-36　添加易拉罐

第12章

文字特效制作典型实例

重点知识

- 图层样式的应用
- "羽化"命令的应用

难点知识

- 等高线的作用
- 滤镜的使用

本章导读

艺术字在生活中的应用非常广泛，利用Photoshop CS5中的图层样式、色彩调整和滤镜等工具，可以制作出意想不到的奇特文字特效。本章将详细地讲解如何制作特效文字，启发读者制作出更有创意的图像特效。

12.1 制作水钻文字

闪亮的水钻文字主要应用于广告招贴画、广告宣传等方面，本实例将详细地介绍闪亮水钻文字的制作方法。

效果展示

本实例将完成的效果如图12-1所示。

图12-1 水钻文字

操作分析

在本实例中，首先创建文字图层，运用滤镜的特效让字体看起来像钻石般耀眼；然后添加图层样式，使字体看起来立体并具有质感。

制作步骤

光盘同步文件

原始文件：光盘\素材文件\第12章\12-01.jpg

结果文件：光盘\结果文件\第12章\制作水钻文字.psd

同步视频文件：光盘\同步教学文件\12.1 制作水钻文字.avi

步骤 1 打开光盘中的素材文件12-01.jpg，然后单击工具箱中的横排文字工具，在图中单击后输入文字"Shining"，如图12-2所示。

步骤 2 在横排文字工具的选项栏中把文字设置为Wide Latin字体，按【Ctrl+T】快捷键自由变换文字大小，把文字调整到适合的位置，如图12-3所示。

图12-2　输入文字 　　　　　　　　　　　　　　图12-3　变换文字

步骤 3　单击"图层"面板底部的"创建新图层"按钮，新建"图层1"，按住【Ctrl】键单击文字图层，载入文字选区，如图12-3所示。把前景色设置为黑色，选中"图层1"，按【Alt+Delete】快捷键填充选区，如图12-4所示。

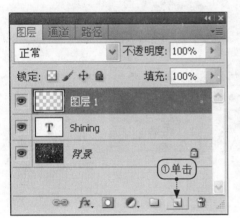

图12-4　载入并填充选区

步骤 4　把前景色设置为黑色，背景色设置为白色，选择"图层1"，执行"滤镜"→"渲染"→"云彩"命令，得到如图12-5所示的效果。

步骤 5　选择"图层1"，执行"滤镜"→"扭曲"→"玻璃"命令，在弹出的"玻璃"对话框中，设置"扭曲度"为20，"平滑度"为1，"纹理"为"小镜头"，"缩放"为170，如图12-6所示。

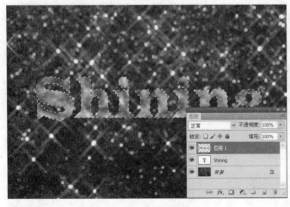

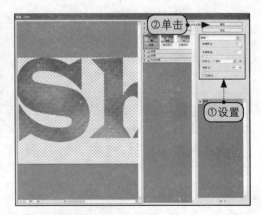

图12-5　云彩滤镜 　　　　　　　　　　　　　　图12-6　"玻璃"对话框

步骤 6 完成设置后单击"确定"按钮，得到如图12-7所示的效果。

步骤 7 按【Ctrl+J】快捷键复制"图层1"，得到"图层2"，将复制后的图层混合模式设置为"颜色减淡"，"不透明度"设置为80%，如图12-8所示。

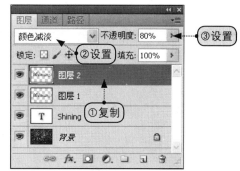

图12-7　玻璃滤镜　　　　　　　　　　　图12-8　复制并设置图层

步骤 8 设置图层混合模式后，得到如图12-9所示的效果。

步骤 9 选择"图层1"，单击"图层"面板底部的"添加图层样式"按钮，在弹出的菜单中选择"描边"命令，如图12-10所示。

图12-9　颜色减淡模式　　　　　　　　　　图12-10　添加图层样式

步骤 10 在弹出的"图层样式"对话框中，把"大小"设置为50，"填充类型"设置为"渐变"，"角度"设置为90°，如图12-11所示。

步骤 11 单击"渐变"后的渐变色标，在弹出的"渐变编辑器"对话框中单击三角形按钮，在弹出的菜单中选择"金属"选项，如图12-12所示。

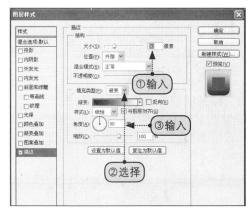

图12-11　设置"图层样式"对话框　　　　　图12-12　"渐变编辑器"对话框

步骤⑫ 在弹出的警示对话框中单击"追加"按钮，如图12-13所示。

步骤⑬ 在新增加的预设颜色中选择"金色"，设置完成后单击"确定"按钮，如图12-14所示。

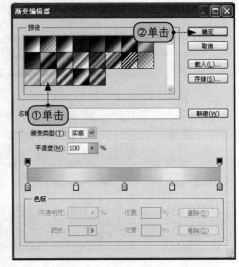

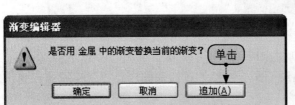

图12-13　警示对话框　　　　　　　　图12-14　"渐变编辑器"对话框

步骤⑭ 返回"图层样式"对话框，选择"斜面和浮雕"选项，设置"深度"为100%，"大小"为10像素，"软化"为2像素，如图12-15所示。

步骤⑮ 再选择"投影"选项，把"距离"设置为140像素，"大小"设置为20像素，如图12-16所示。

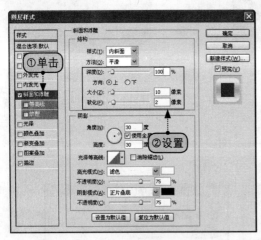

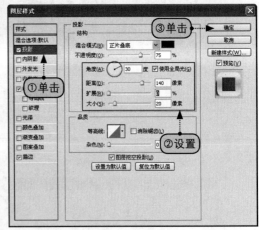

图12-15　设置斜面和浮雕　　　　　　　图12-16　设置投影

步骤⑯ 设置完成后单击"确定"按钮，得到的效果如图12-17所示。

步骤⑰ 单击工具箱中的多边形工具，并在其选项栏中把"边"设置为4，单击"自定义形状工具"下拉按钮，在"多边形选项"面板中勾选"星形"复选框，将"缩进边依据"设置为90%，如图12-18所示。

图12-17 图层样式效果

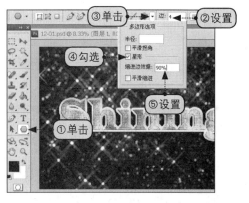

图12-18 选择并设置多边形工具

步骤18 使用多边形工具在图中拖动，绘制出星形图形，如图12-19所示。

步骤19 单击"路径"面板底部的"将路径作为选区载入"按钮，载入选区，如图12-20所示。

图12-19 绘制星形

图12-20 "路径"面板

步骤20 按【Shift+F6】快捷键，在弹出的"羽化选区"对话框中输入"羽化半径"为5像素，单击"确定"按钮，如图12-21所示。

步骤21 单击"图层"面板底部的"创建新图层"按钮，得到"图层3"，把"图层3"置于最上层，然后为羽化后的选区填充白色，如图12-22所示。

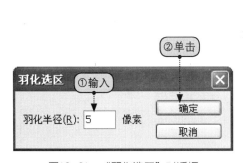

图12-21 "羽化选区"对话框

图12-22 填充选区

步骤22 按【Ctrl+J】快捷键复制"图层3"，得到"图层4"，把"图层4"移动至如图12-23所示的位置。

步骤 23 选中"图层4"，单击"图层"面板右上角的菜单按钮，在弹出的菜单中选择"向下合并"命令，如图12-24所示。

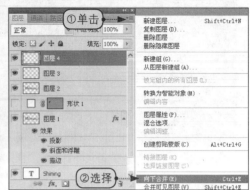

图12-23 移动图层 图12-24 合并图层

步骤 24 按【Ctrl+J】快捷键复制"图层3"，复制4次，得到图层如图12-25所示。

步骤 25 把4个图层分别移至文字的4个位置，最终效果如图12-26所示。

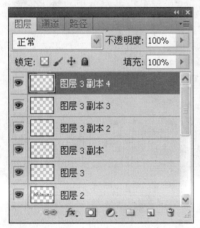

图12-25 复制图层 图12-26 水钻文字

12.2 制作火焰文字

本实例主要讲解用Photoshop制作火焰文字。利用图层样式和通道快速制作火焰文字，简单易懂。

效果展示

本实例将完成的效果如图12-27所示。

图12-27　火焰文字

操作分析

在本实例中，首先创建文字，再用图层样式为文字添加发光、阴影等效果，然后用通道创建选区，最后用图层混合模式使火焰融入文字，完成本实例的制作。

制作步骤

光盘同步文件

原始文件：光盘\素材文件\第12章\12-02.jpg

结果文件：光盘\结果文件\第12章\制作火焰文字.psd

同步视频文件：光盘\同步教学文件\12.2 制作火焰文字.avi

步骤 1 打开Photoshop CS5，执行"文件"→"新建"命令，在弹出的"新建"对话框中，将"宽度"设置为800像素，"高度"设置为600像素，"分辨率"设置为300像素/英寸，设置完成后单击"确定"按钮，如图12-28所示。

步骤 2 将前景色设置为黑色，按【Alt+Delete】快捷键快速填充"背景"图层为黑色，单击工具箱中的横排文字工具，再把前景色设置为白色，然后在图中创建文字"FIRE"，如图12-29所示。

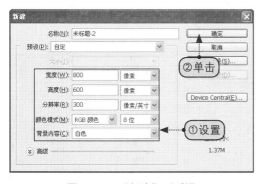

图12-28　"新建"对话框

图12-29　创建文字

步骤 3 在选项栏中将"字体"设置为Baskerville Old Face，"大小"设置为72点，如图12-30所示。

步骤④ 单击"图层"面板底部的"添加图层样式"按钮，在弹出的菜单中选择"投影"选项，如图12-31所示。

图12-30 更改字体和大小　　　　　　　　图12-31 添加图层样式

步骤⑤ 在弹出的"图层样式"对话框中，将"混合模式"设置为"正常"，颜色设置为R:255、G:0、B:0，"距离"设置为3像素，"扩展"设置为30%，"大小"设置为13像素，如图12-32所示，得到的效果如图12-33所示。

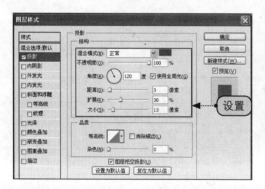

图12-32 设置投影　　　　　　　　图12-33 投影效果

步骤⑥ 选择"内发光"选项，把"不透明度"设置为100%，颜色设置为R:255、G:255、B:0，"阻塞"设置为5，"大小"设置为4，如图12-34所示。

步骤⑦ 选择"光泽"选项，把颜色设置为R:110、G:62、B:0，"不透明度"设置为100%，"距离"设置为8像素，"大小"设置为20像素，如图12-35所示，得到的效果如图12-36所示。

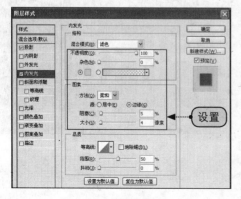

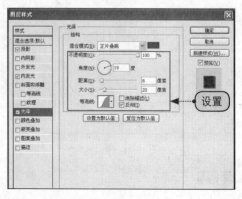

图12-34 设置内发光　　　　　　　　图12-35 设置光泽

步骤 8 选择"颜色叠加"选项，把颜色设置为R:221、G:109、B:0，"不透明度"设置为100％，如图12-37所示。

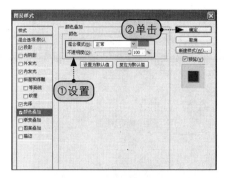

图12-36　内发光和光泽效果　　　　　图12-37　设置颜色叠加

步骤 9 设置完成后单击"确定"按钮，得到的效果如图12-38所示。

步骤 10 右击文字图层，在弹出的菜单中选择"栅格化文字"命令，如图12-39所示。

图12-38　添加图层样式后的效果　　　　图12-39　栅格化文字

步骤 11 栅格化文字后，得到FIRE图层。选中该图层，执行"滤镜"→"液化"命令，如图12-40所示。

步骤 12 在弹出的"液化"对话框中，利用向前变形工具涂抹文字，如图12-41所示。

图12-40　执行"液化"命令　　　　　图12-41　"液化"对话框

步骤 13 涂抹完成后单击"确定"按钮，得到的效果如图12-42所示。

步骤 14 打开光盘中的素材文件，如图12-43所示。

步骤15 打开"通道"面板，按住【Ctrl】键单击"红"通道，载入"红"通道选区，复制如图12-44所示。

图12-42　液化效果　　　　　图12-43　打开素材文件　　图12-44　载入选区

步骤16 按【Ctrl+C】快捷键，选择火焰字文件，按【Ctrl+V】快捷键粘贴，得到新图层"图层1"，按【Ctrl+T】快捷键变换火焰选区，把火焰缩小到适合"F"字母大小，如图12-45所示。

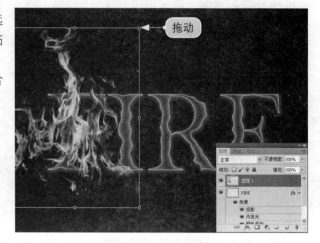

图12-45　缩放大小

步骤17 按【Ctrl+J】快捷键复制"图层1"，再连续按3次，得到如图12-46所示的"图层"面板。

步骤18 单击前3个图层前的眼睛，隐藏前3个图层，然后单击工具箱中的橡皮擦工具，把"大小"设置为60px，"硬度"设置为0%，"不透明度"设置为80%，"流量"设置为70%，如图12-47所示。

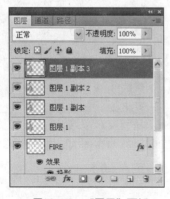

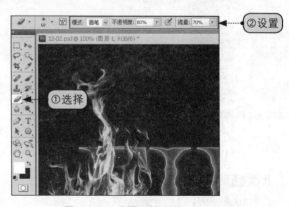

图12-46　"图层"面板　　　　　图12-47　设置画笔工具

步骤 19 用橡皮擦工具涂抹多余部分，把图层的混合模式设置为"强光"模式，如图12-48所示。

步骤 20 选中"图层1 副本"把火焰移动到"I"字母处，用橡皮擦工具擦掉多余的部分，再把图层的混合模式设置为"强光"，如图12-49所示。

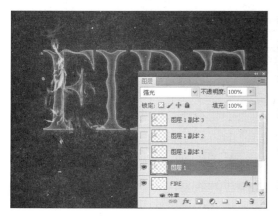 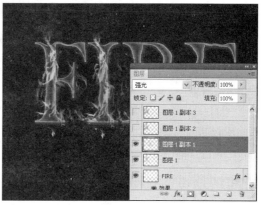

图12-48　"F"的火焰效果　　　　　　　　图12-49　"I"的火焰效果

步骤 21 用与步骤20相同的方法制作其他两个字母的火焰效果，如图12-50所示。

步骤 22 合并除"背景"图层外的其他图层，按【Ctrl+J】快捷键复制合并了的图层，再按【Ctrl+T】快捷键把图层翻转180°，把图层"不透明度"设置为20%，制作成倒影，如图12-51所示。

 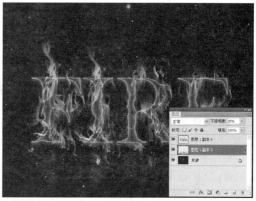

图12-50　火焰效果　　　　　　　　　图12-51　添加倒影

12.3　制作塑料文字

用Photoshop能制作出许多种类的文字，塑料文字就是其中一种。本例将通过图层样式来制作塑料文字效果。

效果展示

本例将完成的效果如图12-52所示。

图12-52 塑料文字

操作分析

　　在本实例中，首先创建文字图层，然后为图层添加图层样式，并通过对图层样式的调整制作出塑料文字效果。

制作步骤

 光盘同步文件

原始文件：光盘\素材文件\第12章\12-03.jpg

结果文件：光盘\结果文件\第12章\制作塑料文字.psd

同步视频文件：光盘\同步教学文件\12.3 制作塑料文字.avi

　　步骤 1 打开光盘中的素材文件12-03.jpg，然后选择工具箱中的横排文字工具，单击图像，创建文字图层，输入"plastic"，在选项栏中将"字体"设置为"Cooper Black"，"大小"设置为250点，效果如图12-53所示。

　　步骤 2 单击"图层"面板底部的"添加图层样式"按钮，在弹出的菜单中选择"颜色叠加"选项，如图12-54所示。

图12-53 创建文字　　　　　　图12-54 添加图层样式

　　步骤 3 在弹出的"图层样式"对话框中，把颜色设置为R：50、G：210、B：245，如图12-55所示。

　　步骤 4 选择"内发光"选项，在"图层样式"对话框中，将"混合模式"设置为"叠加"，"不透明度"设置为75%，"颜色"设置为黑色，"阻塞"为16%，"大小"为20像素，如图12-56所示。

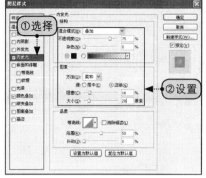

图12-55　设置颜色叠加　　　　　　　　图12-56　设置内发光

步骤5　选择"斜面和浮雕"选项，在"图层样式"对话框中单击"光泽等高线"下三角按钮，单击弹出面板右上角的三角按钮，在弹出的菜单中选择"等高线"选项，如图12-57所示。

步骤6　在弹出的对话框中单击"追加"按钮，如图12-58所示。再单击面板右上角的三角按钮，在弹出的菜单中选择"大列表"选项，面板中的排列方式发生改变，选择"环形-三环"方式，如图12-59所示。

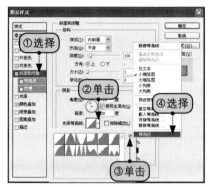

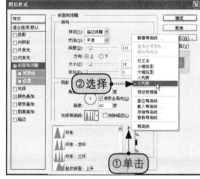

图12-57　设置斜面和浮雕　　　图12-58　警示对话框　　　图12-59　设置等高线

步骤7　设置完成后返回"图层样式"对话框，把"深度"设置为131%，"大小"设置为18像素，"高度"设置为60°，"高光模式"的"不透明度"设置为100%，"阴影模式"的"不透明度"设置为0%，如图12-60所示。

步骤8　设置完成后单击"确定"按钮，得到的效果如图12-61所示。

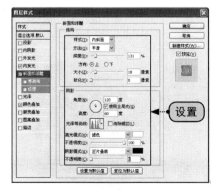

图12-60　设置斜面和浮雕　　　　　　图12-61　添加图层样式后的效果

步骤 9 双击文字图层，打开"图层样式"对话框，勾选"等高线"复选框，按照步骤5和步骤6的方法，选择"等高线"模式为"平缓斜面-凹槽"，把"范围"设置为85%，如图12-62所示。

步骤 10 设置完成后单击"确定"按钮，得到如图12-63所示的效果。

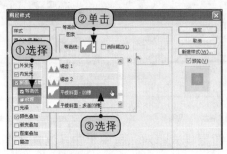

图12-62　设置等高级　　　　　　　　图12-63　添加图层样式后的效果

步骤 11 选中文字图层，按【Ctrl+J】快捷键复制文字图层，如图12-64所示。

步骤 12 双击plastic文本图层，打开"图层样式"对话框，选择"描边"选项，把"大小"设置为6像素，"颜色"设置为R：28、G：190、B：241，如图12-65所示。

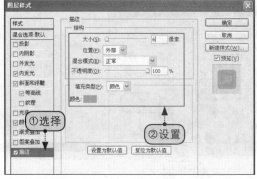

图12-64　复制文字图层　　　　　　　　图12-65　设置描边

步骤 13 选择"斜面和浮雕"选项，打开其参数设置界面，把"样式"设置为"描边浮雕"，"光泽等高线"设置为"平缓斜面-凹槽"，再把"阴影模式"的"不透明度"设置为40%，如图12-66所示。

步骤 14 设置完成后单击"确定"按钮，得到的效果如图12-67所示。

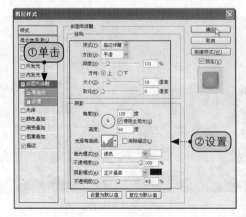

图12-66　设置斜面和浮雕　　　　　　　图12-67　塑料文字

12.4 制作黄金文字

本实例将讲解制作黄金文字，主要通过添加图层样式，设置等高线、大小和不透明度等参数来制作出黄金文字效果。

效果展示

本实例将完成的效果如图12-68所示。

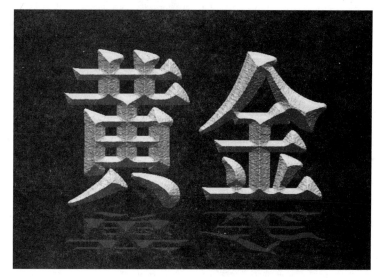

图12-68 黄金文字

操作分析

在本实例中，首先新建一个文件并创建文字图层，然后添加图层样式，设置图层样式后得到黄金文字，最后复制文字图层并变换文字方向，制作文字倒影并设置文字不透明度，完成本例的制作。

制作步骤

光盘同步文件

原始文件：无

结果文件：光盘\结果文件\第12章\制作黄金文字.psd

同步视频文件：光盘\同步教学文件\12.4 制作黄金文字.avi

步骤1 打开Photoshop CS5，将背景色设置为黑色，执行"文件"→"新建"命令，在弹出的"新建"对话框中，将"宽度"设置为800像素，"高度"设置为600像素，"分辨率"设置为300像素/英寸，设置完成后单击"确定"按钮，如图12-69所示。

步骤 2 单击工具箱中的横排文字工具，在其选项栏中把"字体"设置为"汉仪超粗宋繁"，"大小"设置为72点，在图像中输入文字"黄金"，如图12-70所示。

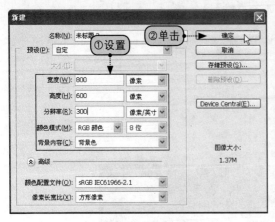

图12-69 "新建"对话框

图12-70 输入文字

步骤 3 选择"黄金"文字图层，单击"添加图层样式"按钮，选择"内发光"选项，在弹出的"图层样式"对话框中，将"不透明度"设置为100%，颜色设置为R:71、G:57、B:2，"大小"设置为2像素，如图12-71所示。

步骤 4 选择"斜面和浮雕"选项，将"样式"设置为"浮雕效果"，"方法"设置为"雕刻清晰"，"深度"设置为300%，"大小"设置为54像素，"角度"设置为90°，"高度"设置为40°，"高光模式"设置为"颜色减淡"，颜色设置为R:242、G:206、B:2，"不透明度"设置为56%，"阴影模式"的颜色设置为R:46、G:18、B:1，"不透明度"设置为87%，如图12-72所示，得到如图12-73所示的效果。

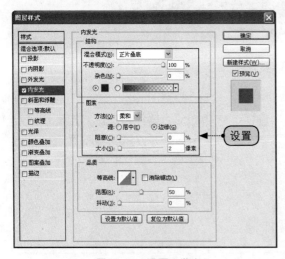

图12-71 设置内发光

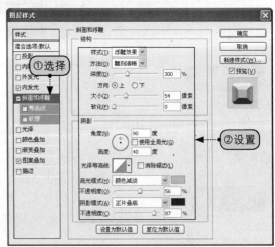

图12-72 设置斜面和浮雕

步骤 5 选择"纹理"选项，单击"图案"下三角按钮，再单击弹出面板右上角的三角按钮，在弹出的菜单中选择"艺术表面"选项，如图12-74所示。

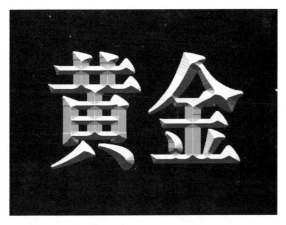

图12-73 添加图层样式后的效果

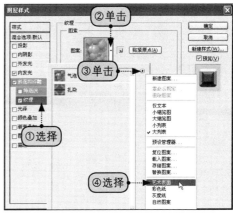

图12-74 设置纹理图案

步骤 6 在弹出的警示对话框中单击"追加"按钮，如图12-75所示。

步骤 7 在"图案"面板中选择"花岗岩"样式，将"缩放"设置为36%，"深度"设置为+20%，如图12-76所示，得到如图12-77所示的效果。

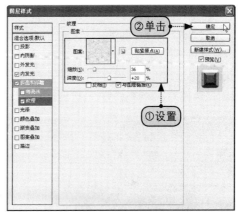

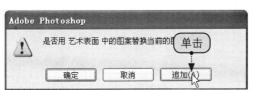

图12-75 警示对话框

图12-76 设置纹理

步骤 8 选择"光泽"选项，将"混合模式"设置为"叠加"，"颜色"设置为R:60、G:51、B:1，"不透明度"设置为61%，"角度"设置为132°，"距离"设置为9像素，"大小"设置为14像素，"等高线"设置为"环形"模式，如图12-78所示。

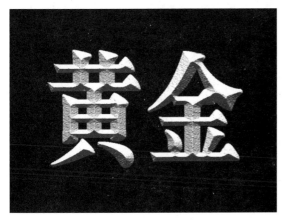

图12-77 设置图层样式

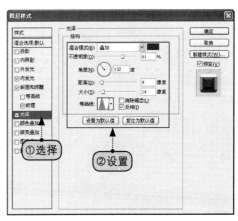

图12-78 设置光泽

步骤 9 选择"图案叠加"选项，将"不透明度"设置为100%，单击"图案"下三角按钮，在"图案"面板中选择"浅黄软牛皮纸"图案，"缩放"设置为38%，如图12-79所示。

步骤 10 设置完成后单击"确定"按钮，得到如图12-80所示的效果。

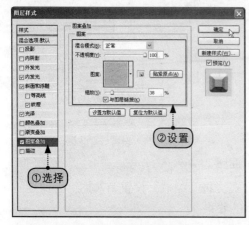

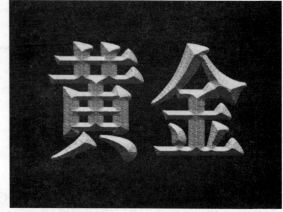

图12-79 设置图案叠加　　　　　　　　　　图12-80 设置图层样式后的效果

步骤 11 选中文字图层，按【Ctrl+J】快捷键复制图层，得到"黄金 副本"，把"黄金副本"图层置于"黄金"图层下方，如图12-81所示。

步骤 12 选中"黄金 副本"文字图层，按【Ctrl+T】快捷键变换文字，把文字翻转180°，并压扁，再把图层"不透明度"设置为20%，如图12-82所示。

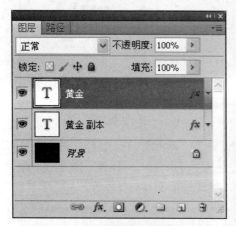

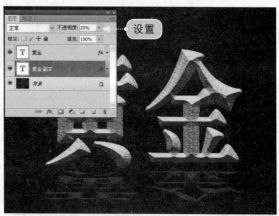

图12-81 复制图层并调整其位置　　　　　　图12-82 变换文字并设置图层不透明度

第13章

数码照片后期处理典型实例

Photoshop CS5中文版标准教程（超值案例教学版）

重点知识

- 校正数码照片曝光不足
- 应用图层混合模式

难点知识

- 调整数码照片颜色
- 修饰修复人像数码照片
- 应用滤镜

本章导读

在拍摄数码照片的时候，由于受拍摄时间、天气、环境等条件的影响，日常拍摄出来的数码照片或多或少地会存在一些问题，这就需要在后期通过技术手段对数码照片进行调整和修饰。本章将详细讲解数码照片后期修复、调色等方法。

13.1 校正曝光不足的照片

光线的影响、测光失误或拍摄技术的欠缺等，都可能使拍摄出来的照片曝光不足，本实例将介绍如何校正照片的曝光不足。

效果展示

本实例处理前后的对比效果如图13-1和图13-2所示。

图13-1 原图

图13-2 校正后的照片

操作分析

在本实例中，首先执行"色阶"命令为图像调整色阶，再用图层混合模式和图层蒙版功能来校正曝光不足的照片。

制作步骤

光盘同步文件

原始文件：光盘\素材文件\第13章\13-01.jpg

结果文件：光盘\结果文件\第13章\校正曝光不足的照片.psd

同步视频文件：光盘\同步教学文件\13.1 校正曝光不足的照片.avi

步骤 1 打开光盘中的素材文件13-01.jpg，如图13-3所示。

步骤 2 按【Ctrl+J】快捷键复制图层，如图13-4所示。

图13-3 打开素材文件

图13-4 复制图层

步骤 3 选择"图层1",执行"图像"→"调整"→"色阶"命令,打开"色阶"对话框,设置"输入色阶"值为0、1.5、190,如图13-5所示。

步骤 4 设置完成后单击"确定"按钮,得到的效果如图13-6所示。

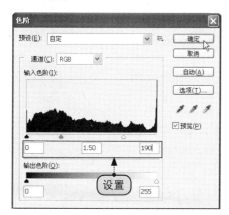
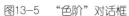

图13-5 "色阶"对话框

图13-6 调整色阶后的效果

步骤 5 选中"图层1",将图层混合模式设置为"滤色",进一步调整图像的影调,使画面更加明亮,如图13-7所示。

步骤 6 选中"图层1",单击"图层"面板底部的"添加图层蒙版"按钮,为图层添加蒙版效果,如图13-8所示。

图13-7 设置图层混合模式

图13-8 新建图层蒙版

步骤 7 单击工具箱中的画笔工具，将前景色设置为黑色，设置画笔大小为60px，"硬度"为0%，在选项栏中设置"不透明度"为60%，如图13-9所示。

步骤 8 在画面中曝光过度的位置单击并进行涂抹，如图13-10所示。

图13-9　选择并设置画笔　　　　　　　　图13-10　涂抹曝光过度的地方

步骤 9 按【Shift+Ctrl+Alt+E】快捷键盖印可见图层，得到"图层2"，如图13-11所示。

步骤 10 选中"图层2"，单击"图层"面板底部的"创建新的填充或调整图层"按钮，在菜单中选择"曲线"选项，如图13-12所示。

步骤 11 打开"调整"面板，单击并向上拖曳曲线，调整曲线外形，如图13-13所示，得到如图13-14所示的效果。

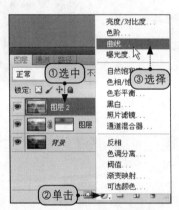
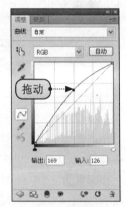

图13-11　盖印图层　　　　　图13-12　选择"曲线"选项　　　　图13-13　调整曲线

图13-14　调整曲线后的效果

13.2 调整照片色彩

在Photoshop中，用户可以任意调节照片的颜色，使照片具有不同的风格。本例将讲解如何把生机盎然的春天调整成为浪漫的秋天。

效果展示

本实例处理前后的对比效果如图13-15和图13-16所示。

图13-15 春天效果

图13-16 深秋效果

操作分析

在本实例中，首先打开素材文件，然后创建一个调整图层，设置参数后，即可得到秋天的效果。

制作步骤

光盘同步文件

原始文件： 光盘\素材文件\第13章\13-02.jpg

结果文件： 光盘\结果文件\第13章\调整照片色彩.psd

同步视频文件： 光盘\同步教学文件\13.2 调整照片色彩.avi

步骤 1 打开光盘中的素材文件13-02.jpg，如图13-17所示。

步骤 2 执行"图层"→"新建调整图层"→"通道混合器"命令，在弹出的"新建图层"对话框中单击"确定"按钮，如图13-18所示。

图13-17 原图

图13-18 "新建图层"对话框

步骤 3 在弹出的"调整"面板的"输出通道"下拉列表中选择"红"选项，设置源通道的参数为"红色"：–50、"绿色"：200、"蓝色"：–50，如图13–19所示。调整完成后，得到的效果如图13–20所示。

图13–19　设置"调整"面板

图13–20　秋天效果

13.3　为照片中的人物美容

拍摄数码照片的时候，由于摄影技术或被摄影者自身条件等各方面原因，使拍摄出来的照片或多或少地有一些小瑕疵，这时就需要用Photoshop中的相关功能命令修饰和美化人像，使照片更具观赏性。

效果展示

本实例处理前后的对比效果如图13–21和图13–22所示。

图13–21　原图

图13–22　为人物美容

操作分析

在本实例中，首先用污点修复画笔工具去除人物脸上的雀斑，然后创建选区，用修补工具去除人物的黑眼圈，达到为人物美容的效果。

制作步骤

光盘同步文件

原始文件：光盘\素材文件\第13章\13-03.jpg

结果文件：光盘\结果文件\第13章\为照片中的人物美容.psd

同步视频文件：光盘\同步教学文件\13.3 为照片中的人物美容.avi

步骤 1 打开光盘中的图像文件13-03.jpg，如图13-23所示。

步骤 2 按【Ctrl+J】快捷键，通过复制图层得到"图层1"，如图13-24所示。

图13-23　打开素材文件

图13-24　复制图层

步骤 3 按【Ctrl+M】快捷键，在弹出的"曲线"对话框中，将"输入"设置为127，"输出"设置为140，单击"确定"按钮，如图13-25所示。

步骤 4 单击工具箱中的污点修复画笔工具，在选项栏中设置"类型"为"内容识别"，如图13-26所示。

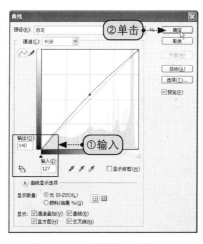

图13-25　"曲线"对话框

图13-26　选择并设置污点修复画笔工具

步骤 5 单击工具箱中的缩放工具或按【Z】键把图像放大到适合尺寸，然后用污点修复画笔工具在人物雀斑处进行涂抹，如图13-27所示。

步骤 6 涂抹人物脸部斑点后，得到的效果如图13-28所示。

图13-27　涂抹雀斑

图13-28　去除雀斑后的效果

步骤 7 单击工具箱中的套索工具，在人物黑眼圈部分单击并拖曳鼠标，创建选区，如图13-29所示。

步骤 8 按【Shift+F6】快捷键，在弹出的"羽化选区"对话框的"羽化半径"中输入"3"，设置完成后单击"确定"按钮，如图13-30所示。此步骤重复3次，小像素羽化多次，可以使羽化的图像看起来更自然。

图13-29　创建选区

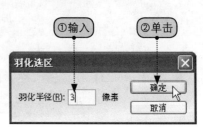

图13-30　"羽化选区"对话框

步骤 9 单击并向下拖曳选区，然后按【Ctrl+C】快捷键复制选中的图像，如图13-31所示。

步骤 10 单击并将选区拖曳至眼袋部位，然后按【Ctrl+V】快捷键粘贴复制的图像，通过粘贴选区得到新图层"图层2"，将图层"不透明度"设置为60%，如图13-32所示。

图13-31　移动选区

图13-32　设置图层

步骤 11 选中"图层2"，单击"图层"面板的扩展按钮执行"图层"→"向下合并"命令，如图13-33所示。

步骤12 单击工具箱中的修补工具，在画面过渡不自然的位置单击并拖曳鼠标，创建选区，如图13-34所示。

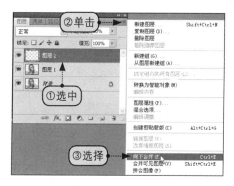

图13-33 合并图层 　　　　　　　　　图13-34 创建选区

步骤13 单击并拖曳选区至人物面部较好的皮肤上，使人物面部的肤色过渡更自然，如图13-35所示。

步骤14 按【Ctrl+J】快捷键，通过复制图层得到"图层1副本"，如图13-36所示。

图13-35 拖动选区 　　　　　　　　　图13-36 复制图层

步骤15 选中"图层1副本"，执行"滤镜"→"模糊"→"高斯模糊"命令，如图13-37所示。

步骤16 在弹出的"高斯模糊"对话框中，将"半径"设置为2像素，设置完成后单击"确定"按钮，如图13-38所示。

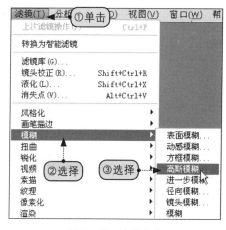

图13-37 执行命令 　　　　　　　　　图13-38 "高斯模糊"对话框

步骤 17 选中"图层1副本"，单击"图层"面板底部的"添加图层蒙版"按钮，为该图层添加图层蒙版效果。将前景色设置为黑色，按【Alt+Delete】快捷键将蒙版填充为黑色，如图13-39所示。

步骤 18 将前景色设置为白色，按【B】键切换至画笔工具，设置画笔"不透明度"为60%，然后在人物脸部进行涂抹，如图13-40所示。

图13-39 创建并填充蒙版　　　　　　图13-40 涂抹人物脸部

13.4 为人物绘制眼线和眼影

眼线可以达到增大眼睛的效果，眼影可以修饰眼睛，使双眼更有魅力。下面将介绍如何为数码照片中的人物添加眼线和眼影。

效果展示

本实例处理前后的对比效果如图13-41和图13-42所示。

图13-41 原图　　　　　　　　　图13-42 为人物绘制眼线和眼影

在本实例中，首先新建一个图层，用画笔工具为人物绘制眼线，用"高斯模糊"滤镜模糊眼线，并调整图层混合模式得到眼线；然后再新建一个图层，用画笔工具绘制眼影，最后调整图层混合模式，使眼睛看起来更有魅力。

制作步骤

光盘同步文件

原始文件：光盘\素材文件\第13章\13-04.jpg

结果文件：光盘\结果文件\第13章\为人物绘制眼线和眼影.psd

同步视频文件：光盘\同步教学文件\13.4 为人物绘制眼线和眼影.avi

步骤① 打开光盘中的图像文件13-04.jpg，单击选择工具箱中的画笔工具，将画笔大小设置为9px，"硬度"设置为0，如图13-43所示。

步骤② 将前景色设置为R:51、G:33、B:28，单击"图层"面板底部的"创建新图层"按钮，得到"图层1"，如图13-44所示。

图13-43　选择工具　　　　　　　图13-44　新建图层

步骤③ 选中"图层1"，在人物眼睛处绘制眼线，如图13-45所示。

步骤④ 绘制完成后，执行"滤镜"→"模糊"→"高斯模糊"命令，在弹出的"高斯模糊"对话框中，将"半径"设置为4像素，单击"确定"按钮，如图13-46所示。

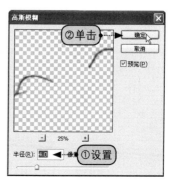

图13-45　绘制眼线　　　　　　　图13-46　"高斯模糊"对话框

步骤 5 将"图层1"的图层混合模式设置为"线性加深"，如图13-47所示。

步骤 6 单击"图层"面板底部的"创建新图层"按钮，得到"图层2"，选择工具箱中的画笔工具，在其选项栏中把"大小"设置为100px，"硬度"设置为0%，前景色设置为R:95、G:40、B:20，如图13-48所示。

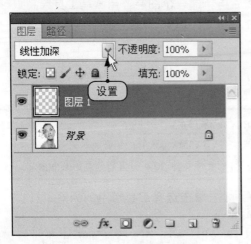

图13-47 设置图层混合模式

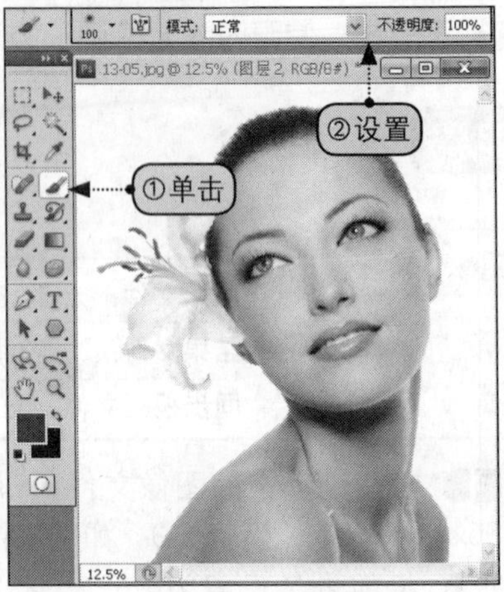

图13-48 选择并设置画笔工具

步骤 7 选中"图层2"，在上眼皮上绘制眼影，如图13-49所示。

步骤 8 将"图层2"的图层混合模式设置为"叠加"，如图13-50所示。

图13-49 绘制眼影

图13-50 更改图层混合模式

13.5 为人物添加唇彩

本实例将讲解如何改变人物嘴唇的颜色，并利用图层混合模式和"调整"命令打造人物的性感唇色。

效果展示

本实例处理前后的对比效果如图13-51和图13-52所示。

图13-51　原图　　　　　　　　　　　图13-52　为人物添加唇彩

操作分析

在本实例中，首先要复制一个图层，创建唇部选区，用"调整"命令调整人物唇色，再用滤镜中的"杂色"命令为嘴唇添加闪亮效果。

制作步骤

光盘同步文件

原始文件：光盘\素材文件\第13章\13-05.jpg

结果文件：光盘\结果文件\第13章\为人物添加唇彩.psd

同步视频文件：光盘\同步教学文件\13.5 为人物添加唇彩.avi

步骤 1 打开光盘中的图像文件13-05.jpg，按【Ctrl+J】快捷键复制"背景"图层，得到"图层1"，如图13-53所示。

步骤 2 选择工具箱中的磁性套索工具，在图中嘴唇边缘勾画嘴唇，如图13-54所示。

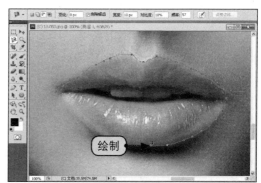

图13-53　复制图层　　　　　　　　　图13-54　勾画嘴唇

步骤 3 在磁性套索工具的选项栏中，单击"从选区减去"按钮，再在嘴唇中间减去选区，如图13-55所示。

步骤 4 单击选择工具箱中的减淡工具，为嘴唇添加高光，如图13-56所示。

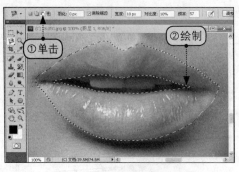

图13-55　从选区中减去

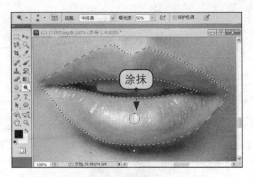

图13-56　为嘴唇添加高光

步骤 5 按【Ctrl+J】快捷键复制选区，得到"图层2"，如图13-57所示。

步骤 6 按【Ctrl+U】快捷键，弹出"色相/饱和度"对话框，把"色相"设置为-6，"饱和度"设置为20，设置完成后单击"确定"按钮，如图13-58所示。

图13-57　复制选区

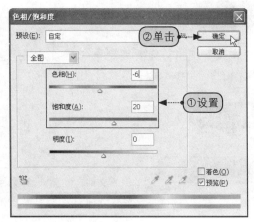

图13-58　"色相/饱和度"对话框

步骤 7 单击"图层"面板底部的"创建新图层"按钮，得到"图层3"，按住【Ctrl】键单击"图层2"，得到选区，如图13-59所示。

步骤 8 按【D】键将前景色恢复为黑色，按【Alt+Delete】快捷键填充选区，如图13-60所示。

图13-59　新建图层并载入选区

图13-60　填充选区

步骤 9 选中"图层3"，把图层混合模式改为"颜色减淡"。执行"滤镜"→"杂色"→"添加杂色"命令，在弹出的"添加杂色"对话框中，把"数量"设置为30%，"分布"设置为"平均分布"，如图13-61所示。

步骤 10 设置完成后单击"确定"按钮，得到如图13-62所示的效果。

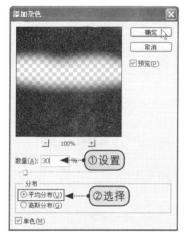

图13-61　"添加杂色"对话框

图13-62　闪亮唇彩效果

13.6　为人物减肥塑身

完美的身材是无数女士梦寐以求的事情。本例将介绍如何用Photoshop中的相关命令和工具快速调整人物身材。

效果展示

本实例处理前后的对比效果如图13-63和图13-64所示。

图13-63　原图

图13-64　为人物减肥塑身

操作分析

在本实例中，首先复制一个"背景"图层，然后自由变换图像，最后用滤镜中的"液化"命令为人物塑身。

制作步骤

光盘同步文件

原始文件：光盘\素材文件\第13章\13-06.jpg
结果文件：光盘\结果文件\第13章\为人物减肥塑身.psd
同步视频文件：光盘\同步教学文件\13.6 为人物减肥塑身.avi

步骤 1 打开光盘中的图像文件13-06.jpg，按【Ctrl+J】快捷键复制"背景"图层，得到"图层1"，如图13-65所示。

步骤 2 按【Ctrl+T】快捷键，在选项栏中设置W为90，设置完成后按【Enter】键应用变换，人物整体变瘦，如图13-66所示。

图13-65 复制图层

图13-66 变换图像

步骤 3 选中"图层1"，执行"滤镜"→"液化"命令，如图13-67所示。

步骤 4 打开"液化"对话框，单击左侧的冻结蒙版工具，在人物身体部分单击并进行涂抹，如图13-68所示。

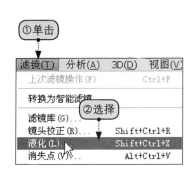

图13-67　执行"液化"命令　　　　　图13-68　"液化"对话框

步骤 5 选择向前变形工具，在右侧的"工具选项"选项组中设置"画笔大小"为500，"画笔密度"为70，"画笔压力"为40，如图13-69所示。

步骤 6 将鼠标置于人物外侧，使用向前变形工具单击并向内拖曳鼠标，完成后单击"确定"按钮，如图13-70所示。

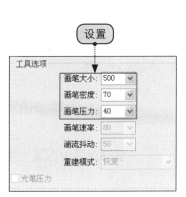

图13-69　设置画笔

图13-70　变形人物

步骤 7 按【Ctrl+E】快捷键合并图层，单击工具箱中的仿制图章工具，按住【Alt】键单击图像拾取，并在图中两侧缩小图像时多余的边缘处单击涂抹，如图13-71所示。

步骤 8 涂抹完成后，得到如图13-72所示效果。

图13-71　涂抹图像　　　　　图13-72　减肥塑身后的效果

13.7 为人物头发染色

出彩的发色可以提升个人的性格和魅力。利用Photoshop可以随意更改头发的颜色，配合服饰和妆容，能够充分展示个人的性格和魅力。

效果展示

本实例处理前后的对比效果如图13-73和图13-74所示。

图13-73 原图　　　　　　　图13-74 为人物头发染色

操作分析

在本实例中，首先打开"通道"面板，用通道创建选区，并复制选区为图层，最后创建调整图层，最后创建剪切蒙版，得到染发效果。

制作步骤

光盘同步文件

原始文件：光盘\素材文件\第13章\13-07.jpg
- -
结果文件：光盘\结果文件\第13章\为人物头发染色.psd
- -
同步视频文件：光盘\同步教学文件\13.7 为人物头发染色.avi

步骤 1 打开光盘中的图像文件13-07.jpg，执行"窗口"→"通道"命令，打开"通道"面板，如图13-75所示。

步骤 2 单击并拖曳"蓝"通道至面板底部的"创建新通道"按钮上，复制"蓝"通道，得到"蓝 副本"通道，如图13-76所示。

步骤 3 按【Ctrl+M】快捷键，打开"曲线"对话框，单击并拖曳曲线调整曲线外形，设置完成后单击"确定"按钮，如图13-77所示。

图13-75 打开"通道"面板　　　图13-76 复制通道　　　图13-77 "曲线"对话框

步骤④ 选中"蓝 副本"通道，单击RGB通道前的眼睛，显示RGB通道下的图像，如图13-78所示。

步骤⑤ 选择工具箱中的画笔工具，按【D】键还原前景色和背景色，当前景色为黑色时涂抹人物头发部分，切换前景色为白色，涂抹头发以外的部分，如图13-79所示。

步骤⑥ 按步骤5的方法涂抹完成后，隐藏RGB通道，得到如图13-80所示的通道效果。

图13-78 显示RGB通道下的图像　　　图13-79 涂抹头发部分　　　图13-80 通道效果

步骤⑦ 选中"蓝 副本"通道，在"通道"面板底部单击"将通道作为选区载入"按钮，如图13-81所示。

步骤⑧ 选中RGB通道，隐藏"蓝 副本"通道，按【Ctrl+Shift+I】快捷键反选头发部分，如图13-82所示。

步骤⑨ 按【Ctrl+J】快捷键复制头发部分，得到"图层1"，单击"图层"面板底部的"创建新的填充或调整图层"按钮，在弹出的菜单中选择"色彩平衡"命令，如图13-83所示。

图13-81 将通道作为选区载入　　　图13-82 反选选区　　　图13-83 创建调整图层

步骤⑩ 在弹出的"调整"面板中，选择"中间调"单选按钮，将参数设置为+40、-40、-40，如图13-84所示。

步骤⑪ 选择"阴影"单选按钮，将参数设置为+45、+15、+40，如图13-85所示。

步骤⑫ 选择"高光"单选按钮，将参数设置为+40、-20、-25，如图13-86所示。

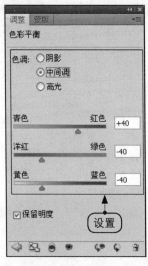

图13-84 设置中间调

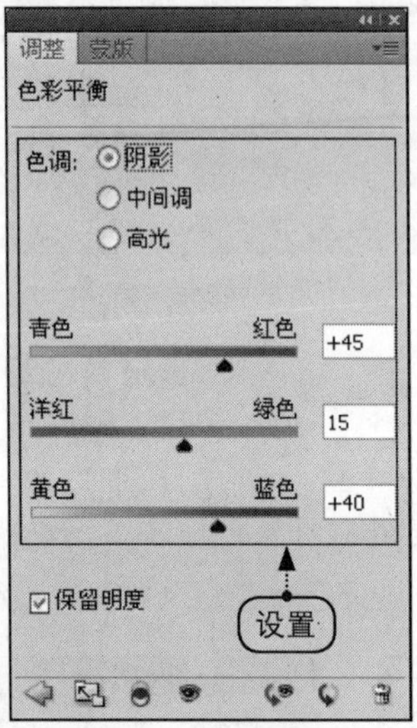

图13-85 设置阴影

图13-86 设置高光

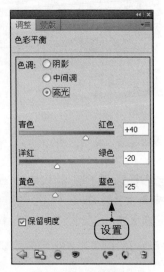

步骤⑬ 按住【Alt】键在"色彩平衡1"调整图层和"图层1"图层之间单击鼠标，创建剪贴蒙版，如图13-87所示。

步骤⑭ 创建剪贴蒙版后，得到如图13-88所示的效果。

图13-87 创建剪贴蒙版

图13-88 创建剪贴蒙版后的效果

第14章 平面设计典型实例

Photoshop CS5中文版标准教程（超值案例教学版）

重点知识

- 应用图层混合模式
- 创建文字

难点知识

- 应用图层样式
- 变形文字
- 应用画笔工具

本章导读

在信息化的今天，计算机绘图已经成为平面广告的主流形式，而Photoshop无疑是平面设计软件的佼佼者，它广泛应用于图形图像设计、图形图像绘制和网页制作等多个领域。本章将针对性地讲解Photoshop操作技能与平面设计理念的完美结合。

14.1　制作电影宣传海报

海报是一种户外张贴速看广告，它是广告艺术中的一种体裁。与其他广告形式相比，海报具有画面大、内容广泛、艺术表现力丰富、远视效果强烈等特点。本例将讲解如何制作电影宣传海报。

效果展示

本实例将完成的效果如图14-1所示。

图14-1　电影宣传海报

操作分析

在本实例中，首先打开素材文件，把文件移至适当位置，然后新建图层，用渐变工具填充图层，用多边形套索工具创建选区，再用渐变工具填充选区，而后旋转图形，制作射线，更改图层混合模式，使图像看起来更华丽、炫彩，接着添加图层蒙版，把不需要的部分涂抹掉，最后为海报添加文字，使海报内容更完整。

制作步骤

光盘同步文件

原始文件：光盘\素材文件\第14章\14-01.jpg、14-02.jpg

结果文件：光盘\结果文件\第14章\制作电影宣传海报.psd

同步视频文件：光盘\同步教学文件\14.1 制作电影宣传海报.avi

步骤 1 打开光盘中的素材文件14—01.jpg，双击"背景"图层解锁，得到"图层0"如图14—2所示。

步骤 2 单击"图层"面板底部的"创建新图层"按钮，得到"图层1"，把"图层1"至于"图层0"下方，并填充黑色。选择工具箱中的移动工具，把"图层0"中的图像移动至如图14—3所示的位置。

步骤 3 单击"图层"面板底部的"创建新图层"按钮，得到"图层2"，选择工具箱中的渐变工具，在其选项栏中单击渐变条，如图14—4所示。

图14-2 解锁"背景"图层

图14-3 移动图层

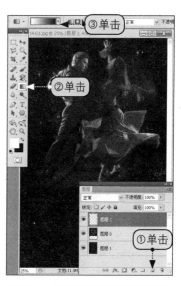

图14-4 新建图层并选择渐变工具

步骤 4 在弹出的"渐变编辑器"对话框中，单击左边的色标，把"颜色"设置为R:185、G:57、B:108，"位置"设置为0%；在中间单击创建色标，把"颜色"设置为R:197、G:156、B:66，"位置"设置为50%；单击右边的色标，把"颜色"设置为R:36、G:118、B:132，"位置"设置为100%，设置完成后单击"确定"按钮，如图14—5所示。

步骤 5 在渐变工具选项栏选择渐变模式为"对称渐变"，在"图层2"中单击并拖曳鼠标，填充"图层2"，如图14—6所示。

步骤 6 选择工具箱中的多边形套索工具，在图中拖动鼠标创建选区，如图14—7所示。

图14-5 "渐变编辑器"对话框

图14-6 填充渐变色

图14-7 创建选区

步骤 7 选择工具箱中的渐变工具，在其选项栏中单击渐变方式后的下三角按钮，在面板中选择"前景色到透明渐变"模式，如图14-8所示。

步骤 8 单击"图层"面板底部的"创建新图层"按钮，得到"图层3"，在选区中单击并拖曳鼠标，然后把"图层3"的"不透明度"设置为50%，如图14-9所示。

步骤 9 单击"图层"面板底部的"创建新组"按钮，得到"组1"图层组，把"图层3"拖曳到"组1"中，如图14-10所示。

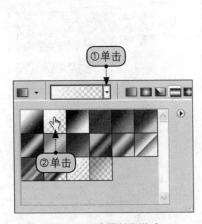

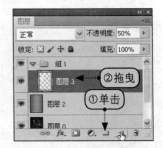

图14-8 选择渐变模式　　　图14-9 填充渐变并设置不透明度　　　图14-10 创建组并移动图层

步骤 10 选中"图层3"，按【Ctrl+J】快捷键复制"图层3"，再按【Ctrl+T】快捷键旋转图像，旋转完成后按【Enter】键确认，效果如图14-11所示。

步骤 11 用与步骤10相同的方法创建多条射线，并单击"组1"图层，把图层的混合模式设置为"柔光"，"不透明度"设置为80%，如图14-12所示。

步骤 12 单击"图层"面板底部的"创建新图层"按钮，得到"图层5"。选择工具箱中的画笔工具，把画笔大小设置为400px，"硬度"设置为0%，"流量"和"不透明度"都设置为50%，然后在图像顶部涂抹绘制高光，如图14-13所示。

图14-11 复制并旋转图像　　　图14-12 绘制射线　　　图14-13 绘制高光

步骤 13 选择工具箱中的画笔工具,在其选项栏中单击"切换到画笔面板"按钮,在弹出的"画笔"面板中,勾选"形状动态"和"散布"复选框,单击42号画笔,把"大小"设置为180px,"间距"设置为115%,如图14—14所示。

步骤 14 单击"图层"面板底部的"创建新图层"按钮,得到"图层6",在"图层6"上绘制星光,如图14—15所示。

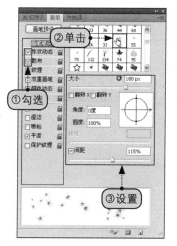

图14-14 设置"画笔"面板　　　　图14-15 绘制星光

步骤 15 双击"图层6"图层,弹出"图层样式"对话框,选择"外发光"选项,把"混合模式"设置为"亮光","不透明度"设置为100%,"扩展"设置为3%,"大小"设置为3像素,设置完成后单击"确定"按钮,如图14—16所示。

步骤 16 按住【Ctrl】键单击图层中的"图层6"、"图层5"、"组1"和"图层2",按【Ctrl+E】快捷键合并选中图层,得到"图层6",把图层混合模式设置为"线性光",如图14—17所示。

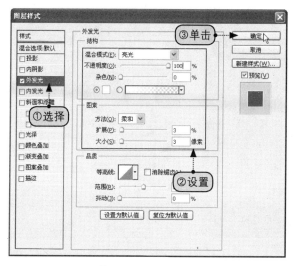

图14-16 设置外发光　　　　图14-17 合并图层并设置图层混合模式

步骤 17 打开光盘中的素材文件14—02.jpg,把它拖曳到14—01.jpg文件内,得到"图层7",按【Ctrl+T】快捷键调整图像大小,如图14—18所示。

步骤 18 移动好位置后,单击"图层"面板底部的"添加图层蒙版"按钮,如图14—19所示。

步骤 19 选择工具箱中的画笔工具,在选项栏中把画笔大小设置为500px,"硬度"设置为0%,"不透明度"设置为50%,"流量"设置为50%,把前景色设置为黑色,然后在蒙版图层上涂抹,如图14—20所示。

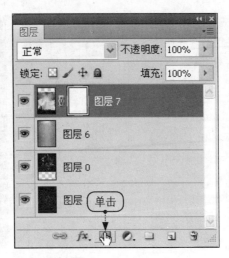

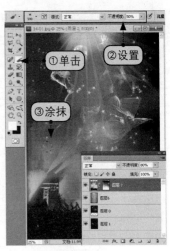

图14-18　调整图像大小　　　　　图14-19　添加图层蒙版　　　　　图14-20　涂抹蒙版

步骤 20 涂抹完成后，把图层的"不透明度"设置为80%，如图14-21所示。

步骤 21 选择工具箱中的横排文字工具，单击图像，输入文字"爱情"，把字体设置为"Adobe 黑体Std"，把"文字大小"设置为48，如图14-22所示。

步骤 22 单击"图层"面板底部的"添加图层样式"按钮，在弹出的菜单中选择"投影"选项，如图14-23所示。

图14-21　更改不透明度　　　図14-22　输入文字并设置字体和大小　　　图14-23　添加图层样式

步骤 23 在弹出的"图层样式"对话框中，把"距离"设置为11像素，"大小"设置为6像素，如图14-24所示。

步骤 24 选择"外发光"选项，然后把颜色设置为红色（R:255、G:0、B:0），把"扩展"设置为14%，"大小"设置为16像素，如图14-25所示。

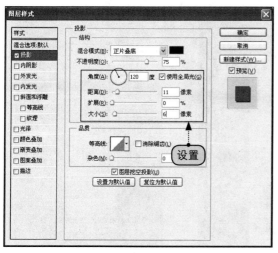

图14-24 设置投影

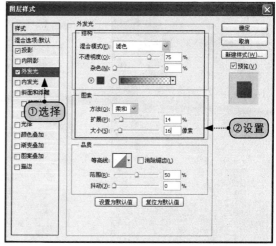

图14-25 设置外发光

步骤 25 选择"颜色叠加"选项,然后把颜色设置为黄色(R:255、G:255、B:0),如图14-26所示。

步骤 26 选择"描边"选项,然后把颜色设置为红色(R:255、G:0、B:0),把"大小"设置为1像素,设置完成后单击"确定"按钮,如图14-27所示。

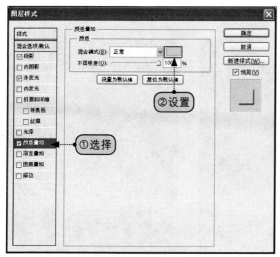

图14-26 设置颜色叠加

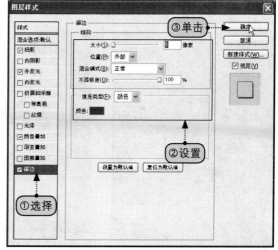

图14-27 设置描边

步骤 27 选择工具箱中的横排文字工具,在图像中输入"之舞",把字体设置为"Adobe 黑体Std",把"文字大小"设置为48,如图14-28所示。

步骤 28 选中"爱情"文字图层,右击鼠标,在弹出的菜单中选择"拷贝图层样式"命令,如图14-29所示。

步骤 29 选中"之舞"文字图层,右击鼠标,在弹出的菜单中选择"粘贴图层样式"命令,如图14-30所示。

图14-28 输入文字并设置字体和大小　　图14-29 执行"拷贝图层样式"命令　　图14-30 粘贴图层样式

步骤 30 在"之舞"的右下方创建文字"用舞蹈诠释可歌可泣的爱恋"，把"文字大小"设置为9点，"字体"设置为"Adobe 黑体Std"，颜色设置为白色，如图14-31所示。

步骤 31 选择工具箱中的横排文字工具，在图中底部创建文字"12月24日"，把"文字大小"设置为24点，颜色设置为白色，"字体"设置为"微软简标宋"，如图14-32所示。

步骤 32 选择工具箱中的横排文字工具，在图中底部创建文字"隆重上映"，把"文字大小"设置为18点，颜色设置为白色，"字体"设置为"微软简标宋"，如图14-33所示。

图14-31 输入并设置文字　　　　图14-32 创建文字（一）　　　　图14-33 创建文字（二）

14.2 制作笔记本电脑广告

　　本实例将介绍如何制作笔记本电脑广告，其步骤简单易懂，通过文字与图案的结合，使广告更具美感。下面将详细讲解如何制作笔记本电脑广告。

效果展示

本实例将完成的效果如图14-34所示。

图14-34 笔记本电脑广告

操作分析

在本实例中，首先新建文件，并填充渐变背景色，然后绘制背景线条，接着打开素材文件，把人物、笔记本和花朵抠出拖入之前的文件中，最后创建文字，完成本实例的制作。

制作步骤

光盘同步文件

原始文件：	光盘\素材文件\第14章\14-03.jpg、14-04.jpg、14-05.jpg
结果文件：	光盘\结果文件\第14章\制作笔记本电脑广告.psd
同步视频文件：	光盘\同步教学文件\114.2 制作笔记本电脑广告.avi

步骤 1 打开Photoshop CS5，执行"文件"→"新建"命令，在弹出的"新建"对话框中，把"宽度"设置为1024像素，"高度"设置为768像素，"分辨率"设置为300像素/英寸，单击"确定"按钮，如图14-35所示。

步骤 2 选择工具箱中的"渐变工具"，把前景色设置为灰色R:180、G:180、B:180，背景色设置为白色，选择渐变方式为"线性渐变"，在图中拖动鼠标，如图14-36所示。

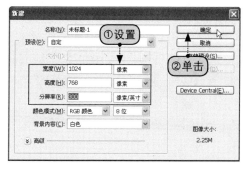

图14-35 "新建"对话框

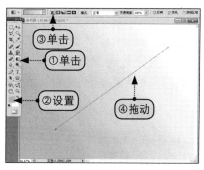

图14-36 填充渐变色

步骤 3 单击"图层"面板底部的"创建新图层"按钮，得到"图层1"，选择工具箱中的多边形套索工具，在图中绘制射线选区，如图14-37所示。

步骤 4 把前景色设置为白色，按【Alt+Delete】快捷键填充选区，按【Ctrl+D】快捷键取消选区，得到如图14-38所示的效果。

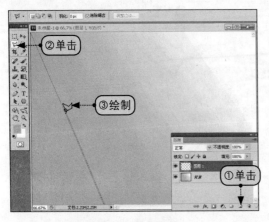

图14-37　绘制射线

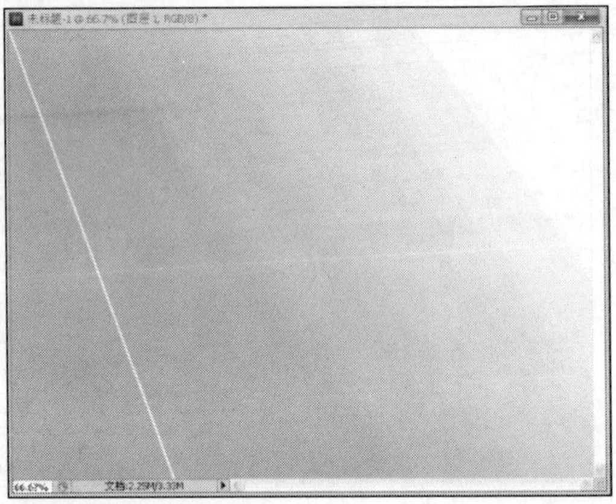

图14-38　填充射线

步骤 5 按【Ctrl+J】快捷键复制"图层1"，得到"图层1副本"，按【Ctrl+T】快捷键变换图形，变换完成后按【Enter】键完成编辑，如图14-39所示。

步骤 6 按照步骤5的方法将射线绘制成如图14-40所示的效果。

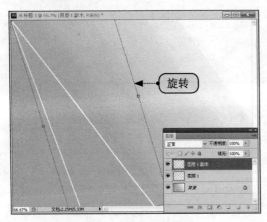
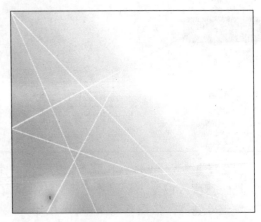

图14-39　复制并旋转射线

图14-40　绘制射线

步骤 7 按【Ctrl】键单击选中所有射线图层，按【Ctrl+E】快捷键合并选中的图层，如图14-41所示。

步骤 8 单击"图层"面板底部的"创建新图层"按钮，选择工具箱中的矩形选框工具，把前景色设置为深灰色（R：102、G：102、B：102），在图中底部绘制选区，按【Alt+Delete】快捷键填充选区，填充完成后按【Ctrl+D】快捷键取消选区，如图14-42所示。

图14-41　合并图层

图14-42　绘制并填充选区

步骤 9 单击〝图层〞面板底部的〝创建新图层〞按钮，选择工具箱中的钢笔工具，在图中绘制曲线路径，如图14-43所示。

步骤 10 执行〝窗口〞→〝路径〞命令，打开〝路径〞面板，单击底部的〝将路径作为选区载入〞按钮，得到选区。将前景色设置为绿色（R:55、G:145、B:15），按【Ctrl+Delete】快捷键填充选区，填充完成后按【Ctrl+D】快捷键取消选区，如图14-44所示。

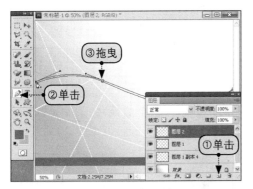

图14-43　创建路径

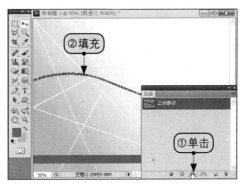

图14-44　载入填充选区

步骤 11 按【Ctrl+J】快捷键复制〝图层2〞，得到〝图层2副本〞，把鼠标移至〝图层2副本〞图层缩览图处，按住【Ctrl】键单击图层缩览图，载入选区，把前景色设置为蓝色（R:25、G:155、B:245），按【Ctrl+Delete】快捷键填充选区，再按【Ctrl+T】快捷键变换图形，变换到如图14-45所示的样式，变换完成后按【Enter】键确认。

步骤 12 按照步骤11的方法绘制另外两条紫色（R:60、G:12、B:125）和红色（R:245、G:10、B:105）曲线，曲线位置如图14-46所示。

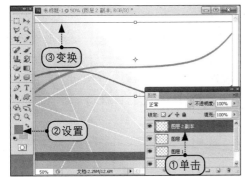

图14-45　复制并转换曲线

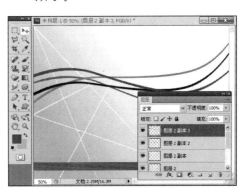

图14-46　绘制曲线

步骤 13 按【Ctrl】键单击选中所有曲线图层，按【Ctrl+E】快捷键合并选中的图层，如图14-47所示。

步骤 14 得到的"图层2副本3"图层，执行"滤镜"→"模糊"→"高斯模糊"命令，在弹出的"高斯模糊"对话框中，将"半径"设置为1.8像素，设置完成后单击"确定"按钮，如图14-48所示。

图14-47 选中并合并图层　　　图14-48 "高斯模糊"对话框

步骤 15 打开光盘中的素材文件14-03.jpg，选择工具箱中的魔棒工具，在图像空白处单击鼠标，创建选区，如图14-49所示。

步骤 16 按【Shift+Ctrl+I】快捷键反选住人物，选择工具箱中的移动工具，把人物移动到之前的文件中，按【Ctrl+T】快捷键调整图像大小，完成后按【Enter】键确认，如图14-50所示。

图14-49 创建选区　　　图14-50 移动并变换图像

步骤 17 打开光盘中的素材文件14-04.jpg，选择工具箱中的钢笔工具，沿着笔记本电脑边缘绘制路径，如图14-51所示。

步骤 18 打开"路径"面板，单击底部的"将路径作为选区载入"按钮，再选择工具箱中的移动工具，把笔记本电脑移动到之前的文件中，按【Ctrl+T】快捷键调整图像大小，调整完成后按【Enter】键确认，如图14-52所示。

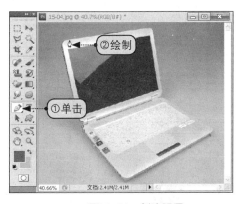

图14-51　创建路径

图14-52　移动并变换图像

步骤 19 打开光盘中的素材文件14-05.jpg，选择工具箱中的魔棒工具，在图像空白处单击鼠标，创建选区，如图14-53所示。

步骤 20 按【Shift+Ctrl+I】快捷键反选住人物，选择工具箱中的移动工具，把花朵移动到之前的文件中，按【Ctrl+T】快捷键调整图像大小，如图14-54所示。调整完成后按【Enter】键确认。

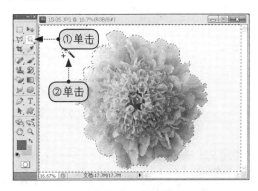

图14-53　创建选区

图14-54　移动并变换图像

步骤 21 选中"图层5"，按【Ctrl+J】快捷键复制图层，得到"图层5副本"，把"图层5副本"置于"图层4"下方，按【Ctrl+T】快捷键调整图像大小，如图14-55所示。调整完成后按【Enter】键确认。

步骤 22 单击工具箱中的自定形状工具，在其选项栏中单击"形状"下拉按钮，在弹出的面板中选择"八分音符"形状，如图14-56所示。

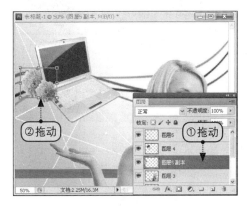

图14-55　复制并变换图像

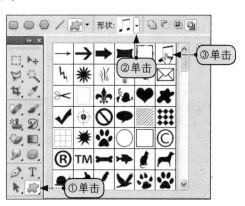

图14-56　选择工具

步骤 23 单击选项栏中的"填充像素"按钮，把前景色设置为黑色，单击"图层"面板底部的"创建新图层"按钮，得到"图层6"，然后在图中绘制音乐符号，如图14-57所示。

步骤 24 单击工具箱中的横排文字工具，在图中创建文字"SONY"，在选项栏中把"字体"设置为Elephant，"大小"设置为14点，输入完成后按【Ctrl+Enter】快捷键完成输入，如图14-58所示。

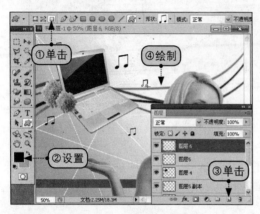

图14-57 绘制音乐符号

图14-58 创建文字（一）

步骤 25 单击工具箱中的横排文字工具，在图中"SONY"的下方创建文字"新品上市"，在选项栏中把"字体"设置为"Adobe 黑体Std"，"大小"设置为6点，输入完成后按【Ctrl+Enter】快捷键完成输入，如图14-59所示。

步骤 26 单击工具箱中的横排文字工具，在图中左下角创建文字"Evaio cs2"，在选项栏中把"字体"设置为Baskerville Old Face，"大小"设置为14点，输入完成后按【Ctrl+Enter】快捷键完成输入，如图14-60所示。

图14-59 创建文字（二）

图14-60 创建文字（三）

14.3 制作商场节日宣传广告

商场促销或节日的时候，常常会设计很多宣传广告。本实例将讲解如何用Photoshop中的图层样式和文字工具制作商场节日宣传广告。

效果展示

本实例将完成的效果如图14-61所示。

图14-61 商场节日宣传广告

操作分析

在本实例中，首先新建一个文件，为背景填充渐变色，然后用多边形套索工具绘制射线，复制射线图层，并让射线绕成一个圈，接着抠掉人物素材的背景，把人物放进文件中，再创建文字，为文字添加图层样式，最后用画笔工具绘制星星，更改图层混合模式，完成本实例的制作。

制作步骤

光盘同步文件

原始文件： 光盘\素材文件\第14章\14-06.jpg、14-07.jpg、14-08.jpg

结果文件： 光盘\结果文件\第14章\制作商场节日宣传广告.psd

同步视频文件： 光盘\同步教学文件\14.3 制作商场节日宣传广告.avi

步骤① 打开Photoshop CS5，按【Ctrl+N】快捷键，在弹出的"新建"对话框中，把"宽度"设置为1024像素，"高度"设置为768像素，"分辨率"设置为300像素/英寸，设置完成后单击"确定"按钮，如图14-62所示。

步骤② 选择工具箱中的渐变工具，打开渐变编辑器，单击左边的色标，把"颜色"设置为红色（R:255、G:0、B:0），"位置"为0%；再单击中间创建色标，把"颜色"设置为黄色（R:253、G:243、B:171），"位置"设置为50%；再单击右边的色标，把颜色设置为跟左边的一样，"位置"设置为100%，设置完成后单击"确定"按钮，如图14-63所示。

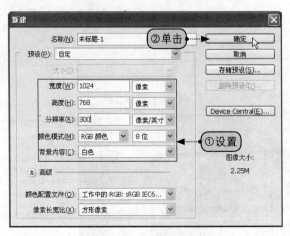

图14-62　"新建"对话框　　　　　　　　　图14-63　设置渐变编辑器

步骤3　单击渐变工具，选择渐变模式为"对称渐变"，在图像中从左往右拖动。单击"图层"面板底部的"创建新图层"按钮，得到"图层1"，如图14-64所示。

步骤4　选择工具箱中的多边形套索工具，在图中绘制射线选区，并把前景色设置为橘黄色（R：255、G：110、B：0），按【Alt+Delete】快捷键填充颜色，如图14-65所示。

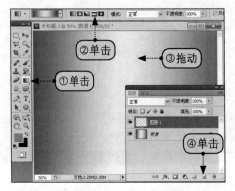

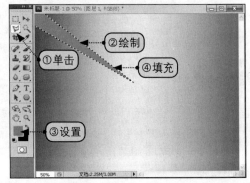

图14-64　填充渐变颜色　　　　　　　　　图14-65　绘制射线

步骤5　选中"图层1"，按【Ctrl+J】快捷键复制图层，得到"图层1副本"，按【Ctrl+T】快捷键，把中心点拖到射线尖角处，把鼠标放到自由变换框外旋转射线，如图14-66所示。

步骤6　按照步骤5的方法，将射线绘制一圈，得到如图14-67所示的效果。

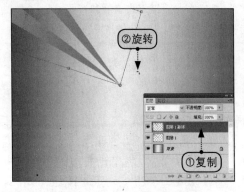

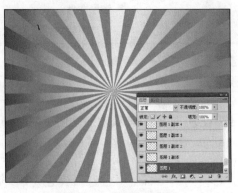

图14-66　复制并变换图像　　　　　　　　图14-67　绘制一圈射线

步骤7 按【Shift】键选中所有射线图层，按【Ctrl+E】快捷键合并所选中的图层，把图层混合模式设置为"线性光"，如图14-68所示。

步骤8 打开光盘中的素材文件14-06.jpg，双击"背景"图层为图层解锁，再选择工具箱中的"魔棒工具"，然后单击图像中的空白部分，创建选区，如图14-69所示。

图14-68 合并图层并设置混合模式

图14-69 创建选区

步骤9 按【Delete】键删除白色部分，按【Ctrl+D】快捷键取消选区。选择工具箱中的移动工具，把人物拖动到之前的文件中，按【Ctrl+T】快捷键缩小人物，如图14-70所示。编辑完成后按【Enter】键。

步骤10 选择工具箱中的横排文字工具，在图中创建文字"购物狂欢节"，把"字体"设置为"方正琥珀简体"，"购物"和"节"的"大小"设置为36点，"狂欢"的"大小"设置为48点，如图14-71所示。

图14-70 移动并变换图像

图14-71 创建并调整文字

步骤11 双击文字图层，在弹出的"图层样式"对话框中，选择"渐变叠加"选项，单击"渐变"后的渐变条，如图14-72所示。

步骤12 打开渐变编辑器，选择预设好的渐变模式"色谱"，如图14-73所示。

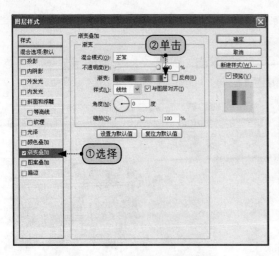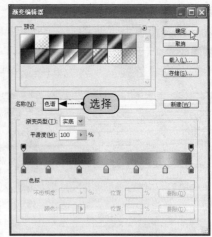

图14-72　"图层样式"对话框　　　　图14-73　渐变编辑器

步骤 13 选择"描边"选项，把"大小"设置为10像素，"颜色"设置为黑色，如图14-74所示。

步骤 14 设置完成后单击"确定"按钮，得到的效果如图14-75所示。

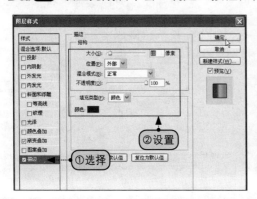

图14-74　设置描边　　　　图14-75　添加图层样式后的效果

步骤 15 利用工具箱中的横排文字工具选中文字，在其选项栏中单击"创建文字变形"按钮，在弹出的"变形文字"对话框中选择"样式"为"拱形"，将"弯曲"设置为16%，"水平扭曲"设置为25%，如图14-76所示。

步骤 16 设置完成后单击"确定"按钮，如图14-77所示。

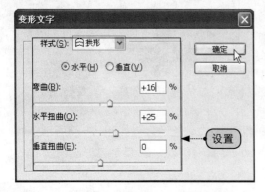

图14-76　"变形文字"对话框　　　　图14-77　变形文字后的效果

步骤17 打开光盘中的素材文件14-07.jpg和14-08.jpg，按照步骤8和步骤9的方法为人物抠除背景，并把人物拖动到文件内，缩放至适合大小，如图14-78所示。

步骤18 选择工具箱中的横排文字工具，在图中输入文字"活动时间：2010年12月24日—2011年1月3日"，把"字体"设置为"方正隶二简体"，"大小"设置为8点，如图14-79所示。

图14-78　添加人物素材

图14-79　创建文字（一）

步骤19 选择工具箱中的横排文字工具，在图中输入文字"王府井商场疯狂抢购中…"，把"字体"设置为"方正剪纸简体"，"大小"设置为14点，如图14-80所示。

步骤20 双击"王府井商场疯狂抢购中…"文字图层，在弹出的"图层样式"对话框中选择"描边"复选框，把"大小"设置为2像素，设置完成后单击"确定"按钮，如图14-81所示。

图14-80　创建文字（二）

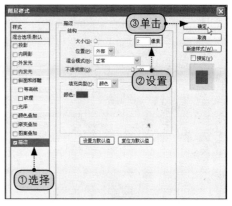
图14-81　设置描边参数

步骤21 选择工具箱中的横排文字工具，在图中输入文字"满500省500赶快行动吧！"，把"字体"设置为"方正兰亭特黑扁_GBK"，"大小"设置为12点，如图14-82所示。

步骤22 双击"满500省500赶快行动吧！"文字图层，在弹出的"图层样式"对话框中选择"颜色叠加"选项，把"颜色"设置为黄色（R:255、G:239、B:175），再选择"描边"选项，把"大小"设置为3像素，"颜色"设置为红色，设置完成后单击"确定"按钮，如图14-83所示。

图14-82 创建文字（三）

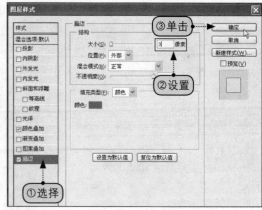

图14-83 设置描边参数

步骤 23 单击"图层"面板底部的"创建新图层"按钮，得到"图层4"，选择工具箱中的画笔工具，在其选项栏中单击"切换画笔面板"按钮，打开"画笔"面板，勾选左侧的"形状动态"复选框和"散布"复选框，把"大小"设置为60px，"间距"设置为137%，如图14-84所示。

步骤 24 选中"图层4"，在图中绘制出星星，如图14-85所示。

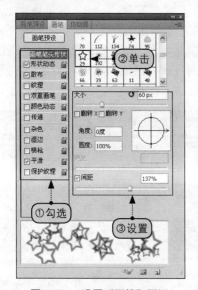

图14-84 设置"画笔"面板

图14-85 绘制星星

附录 习题答案

Photoshop CS5中文版标准教程（超值案例教学版）

第1章

一、填空题

1．2010　4　12
2．3D　动画
3．失真　分辨率　小

二、选择题

1．D
2．A

第2章

一、填空题

1．层叠　平铺　将所有内容合并到选项卡中
2．按【Ctrl++】与【Ctrl+-】键利用缩放工具
3．精确定位图像　元素　不打印的线条

二、选择题

1．AC
2．C
3．AD

第3章

答案：

一、填空题

1．【Ctrl+A】

2．取消选区
3．【Shift+Ctrl+I】

二、选择题

1．C
2．A
3．A

第4章

一、填空题

1．画笔　F5
2．修复画笔工具
3．减淡

二、选择题

1．D
2．C
3．B

第5章

一、填空题

1．【Ctrl+J】
2．阴影
3．描边

二、选择题

1．D
2．B
3．A

第6章

一、填空题

1．背景
2．颜色　Alpha　去色
3．画笔

二、选择题

1．C
2．B
3．B

第7章

一、填空题

1．【Ctrl+Enter】
2．矢量
3．【Shift】

二、选择题

1．A
2．D
3．D

第8章

一、填空题

1．独立　　长
2．矢量图沿线
3．【Ctrl+Enter】

二、选择题

1．B
2．C
3．D

第9章

一、填空题

1．液化　消失点
2．模糊滤镜
3．纹理

二、选择题

1．A
2．A
3．B

第10章

一、填空题

1．灰度　通道图
2．青　黄　黑
3．去色

二、选择题

1．B
2．B
3．D

第11章

一、填空题

1．3D图像　位置和大小
2．从图层创建3D形状
3．单个文件

二、选择题

1．C
2．A
3．B